KB054759

치유의 길, 산티아고

Camino de Santiago

글·사진 **이선우**

정출판

치유의 길, 산티아고

초판 인쇄 2018년 4월 10일
초판 발행 2018년 4월 20일

지은이 이선우
펴낸이 노용제
펴낸곳 정은출판

주 소 04558 서울시 중구 창경궁로 1길 29 (3F)
전 화 02-2272-8807
팩 스 02-2277-1350
출판등록 제2-4053호(2004. 10. 27)
이메일 rossjw@hanmail.net

 ISBN 978-89-5824-362-5(03980)
값 14,000원

잘못된 책은 교환해 드립니다.
저자와 협의하에 인지는 생략합니다.
양측의 서면 동의 없는 무단 전재 및 복제를 금합니다.
이 책의 판권은 지은이와 정은출판에 있습니다.

치유의 길, 산티아고

Camino de Santiago

글·사진 **이선우**

좋은출판

그를 풀어 주어 걸어가게 하여라

2011년 나는 건강 문제로 교직을 퇴임하고, 그해 8월 한 달간 산티아고 순례를 다녀온 적이 있다. 아무런 준비 없이 아는 청년만 믿고 따라나섰다가 도중에 도저히 보조를 맞출 수 없게 되자 결국엔 서로 따로 걷게 되었다. 낯선 곳에서 혼자가 되자 눈앞이 캄캄했지만, 그 시간이 진정한 순례였음을 나중에야 깨달았다. 돌아와서 본당의 여러 단체 일도 골고루 다 해 보았으나 언제부턴가 회의가 오기 시작했다. 무언가 알 수 없는 내면의 공허감이 나를 사로잡았다. 돌파구를 찾으려고 몸부림치다가 산티아고 순례가 떠올랐다. 옛날 그 고생은 까마득히 잊어버리고 다시 한 번 떠나고 싶었다. 이번에는 처음부터 끝까지 혼자서 해 보고 싶었다.

2017년 5월, 나는 다시 산티아고로 향했다. 한 번의 경험 말고는 여전히 준비가 부족했고, 하루하루 좌충우돌의 연속이었다. 말도 안 통하고, 몸도 아프고, 문명의 이기에 능하지도 못했다. 그런데 비행기에서부터 천사의 손길을 느낄 수 있었다. 순례 내내 고비도 많았지만 천사들의 도움은 계속되었다. 순간순간 주님의 현존을 체험했다. 주님께서 죽은 라자로를 살리시기 위해 "그를 풀어 주어 걸어가게 하여라."(요한 11,44) 하셨듯이, 영혼의 병이 깊은 나를 재차 산티아고로 부르시어 친히 치유의 손길을 보이신 것이리라. 나는 이 순례가 결코 나 혼자만의 것이 아니고, 주님의 무한한 사랑과 자비로 이루어졌음을 절감했다. 이 기적 같은 은혜를 책으로 엮어 널리 나누고 싶었다.

　이 책을 내기까지 많은 분들의 도움이 있었다. 나를 순례의 길로 등 떠밀고 기도해 주신 본당의 정진숙 헬레나 수녀님, 처음으로 원고를 보고 출판사를 주선해 주신 이영자 카타리나 자매님, 부족한 글을 선뜻 받아 주신 정은출판 노용제 사장님, 꼼꼼하게 교정을 봐 주신 김우현 부장님, 깔끔하게 디자인해 주신 박화영 편집장님께 깊은 감사를 드린다. 그리고 10년 이상 성독 수행을 지도해 주신 허성준 가브리엘 신부님과, 신앙교육원에서 나의 왜곡된 마음을 바로잡아 주신 이종경 비오 신부님께도 특별한 감사를 드린다. 끝까지 잘 마치고 돌아오라고 격려와 염려를 아끼지 않았던 동기간과 식구들에게도 고마움을 전한다. 마지막으로 나의 용기, 나의 다리를 칭찬한다.

2018년 3월

추천사

성지 순례란?

'신앙 행위의 일환으로 종교상의 성스러운 곳聖地을 찾아다니면서 참배하는 여행'이라고 사전에 정의하고 있습니다. 이러한 성지 순례의 목적은 종교 신심의 고양 및 소원 성취와 속죄 효과를 기대하는 데 있습니다. 이러한 이유로 많은 열심 신앙인들이 기회가 되면 성지 순례를 가고자 합니다. 순례자들은 순례를 시작하면서 특별히 개인적인 지향들을 주님께 봉헌합니다. 또한, 순례 여정을 통해서 각자 나태했던 이전의 신앙생활을 깊이 반성하고 신앙의 현주소를 새롭게 직시하게 됩니다.

산티아고 순례길!

어떤 사람은 그 길을 일생에 한 번 다녀오기도 합니다. 그러나 여러 번 그 길을 다녀오는 사람도 있습니다. 몇 번을 다녀왔는가가 중요한 것이 아니라 그 길을 걸으면서 우리의 참된 목적지는 어디이며, 우리가 믿고 의지해야 할 분이 누구인가를 더 명확히 깨닫는 것이 중요합니다.

이 책의 저자는 오래전에 수도 전통에 따른 렉시오 디비나성독 피정을 저에게 받으셨고 또한 일상 안에서 그러한 수행을 꾸준히 해 오셨습니다. 그리고 순례의 힘든 여정 중에도 말씀 수행을 통해 여러 어려움을 극복해 나가는 모습이 매우 감동적입니다. 저자는 자신이 대단하다거나 혹은 용감하다는 것을 드러내고자 했던 것이 결코 아닙니다. 어떤 힘들고 어려운 상황 앞에서도 우리 모두 주님께 대한 참된 믿음과 사랑과 희망을 놓아서는 안 됨을, 직접 체험하신 매일의 사건들을 통해 나누고자 하였습니다.

우리는 한 순례자의 체험과 묵상, 고난과 극복의 여정을 쫓아가면서, 우리 역시 삶을 살아가면서 힘들고 지칠 때 참으로 우리가 믿고 의지해야 할 것이 무엇인가를 직시할 필요가 있습니다.

아무쪼록 이 책을 읽는 모든 분들이, 이 순례자의 여정을 통해서 자기 신앙의 현주소를 다시 한 번 점검하고, 각자에게 주어진 신앙의 길을 충실히 걸어가시게 되기를 기도합니다.

부산 명상의 집에서
허성준 가브리엘 신부(OSB)

추천사

'카미노 데 산티아고.'

야고보 사도의 무덤이 발견된 산티아고 데 콤포스텔라를 향해 걷는 순례길. 그리스도인이라면, 누구나 한 번쯤 걷고 싶은 여정이 아닐까요. 아직 한 번도 체험해 보지 못한 저에게는 여전히 아련하기만 한 바람일 뿐입니다. 그 길을 두 번이나 걸었다는 저자의 이야기를 들었을 때는 그저 부러운 마음뿐이었습니다. 그런데 그 여행에서 겪은 힘든 일들을 전해 듣고서 무척 놀랐습니다. 그리고 자신과 하느님을 발견하며 성찰하는 글을 보면서는 깊은 감동을 받았습니다.

누구에게나 같은 길이지만, 그곳을 걷는 이에게 울려오는 내면의 소리는 각기 다릅니다. 살아 계신 하느님께서 한 사람 한 사람에게 가장 알맞은 선물을 주시는 까닭입니다. 만일 많은 이들이 이미 거쳐 간 800km의 길을 '나도 걸어봤다.'는 데에만 초점을 맞춘다면, 그 체험은 이력서 한 줄만큼의 무게도 지니지 못할 것입니다. 자신을 돌아보는 것은 물론, 말을 걸어오시는 하느님과의 만남이야말로 순례를 인생의 전환점으로 만들어 줍니다. 이런 의미에서 인생을 새롭게 바라보게 하는 순례의 내적 발자취를 잔잔한 글을 통해 확인할 수 있었습니다.

　이 책은 카미노를 떠나려는 사람들에게 여행 정보를 제공하는 안내서가 아닙니다. 하지만 새로운 의미에서 매우 소중한 여행 안내서이기도 합니다. 저자가 이 책에서 '순례길을 왜 가는지, 어떤 마음으로 걸어야 하는지'를 훌륭하게 조언해 주기 때문입니다.

　이선우 자매님, 일상으로 돌아와 여느 때와 똑같은 매일을 보내고 계시겠지요. 하지만 자매님의 일상이 그곳에서의 체험으로 인해 조금은 의미 있게 변화됐으리라 생각합니다.

　평범하지만 평범하지 않은 일상으로 변화시켜 준 산티아고 순례길에 여러 독자들을 초대합니다. 여기서 누구도 쉽게 알려 주지 않은 '내면의 이정표'를 만나실 수 있을 것입니다.

　언젠가 야고보 사도의 길을 걸어볼 날이 저에게도 오겠지요?

고양 원당에서
이종경 비오 신부

차례

Chapter 1
무작정 떠나고 보자

Chapter 2
다시 마음을 다잡고

Chapter 3
메세타를 향하여

Chapter 6
파티마 발현 100주년의 해

Camino de Santiago

무작정
떠나고 보자

01 프랑스 파리 드골 공항으로
인천 공항 – 프랑스 파리 샤를 드골 공항 – 몽파르나스

드디어 비행기에 몸을 실었다.

몇 달 동안 얼마나 많은 걱정과 두려움을 가졌던가. 아침에 눈만 뜨면 '어떻게 가지?' 걱정부터 앞섰다. 게다가 아픈 무릎을 하고 배낭을 메고 걷는다는 것은 상상조차 못할 일이었다. 혹시 못 가게 될지라도 하나씩 여행 준비는 차질 없이 하고 있었다. 대한항공에 물어봐도 연기는 안 된다고 했다. 취소는 가능하지만 그렇게는 하기 싫었다. 떠나기 전 본당 수녀님을 만나 걱정했더니 병원에 가서 주사 맞고 무릎 보호대를 하고 가라고 한다. 돌아올 때까지 매일 기도해 주겠다고 했다. 내게 큰 용기를 낼 수 있도록 기도해 주신다니 마음 깊이 감사를 드렸다. 집 안 이곳저곳 정리를 마치고 난 뒤 배낭을 들어 보았다. 아뿔싸! 10kg도 넘지 않는가. 어깨에 메기도 손에 들기도 힘들었다. 어둠에 잠긴 밤은 그렇게 지나고 아침이 되었다. 아침 말씀이 바로 "나는 포도나무요, 너희는 가지다."였다. '나무에 꼭 매달려 있으면 반드시 주님은 나를 지켜 주실 것이다.' 생각하니 힘이 났다.

묵상 글을 받아 보니 요셉 베르나르딘 추기경의 영성 일기책『평화의 선물』이 생각났다. 추기경이 성추행범으로 몰려 세계를 떠들썩하

나는 포도나무요 너희는 가지다.(요한 15,5)

게 한 일이 있었다. 무고한 추기경은 얼마나 황당했을까. 더군다나 평생 사제의 신분으로 존경을 받으며 맑게 살아왔는데, 한순간에 부도덕한 파렴치범으로 몰렸으니 앞이 보이지 않는 어둠이었을 거라 생각된다. 예수님도 결국 죄 없이 십자가에서 돌아가시며 우리의 죄를 대신하셨다. 마침내 무고가 밝혀졌고 추기경은 자신의 모든 것을 추락시켰던 고소인을 용서하며 화해와 감사의 미사를 드렸다. 고통의 끝도 잠시 이번에는 췌장암과 간암까지 덮쳐 와 죽음을 눈앞에 두게 되었다. 추기경은 그 와중에도 병원에 있는 비슷한 처지의 환자들에게 기도와 사랑의 손길을 펼쳤다. 마지막까지 주님으로부터 부여받은 자신의 사명을 다한 것이다.

　이번 순례길에서 주님은 내게 어떤 사명을 주실까? 지난 삶의 잘못에 대한 보속補贖, 죄에 대한 벌을 받음으로써, 그 죄로 인한 나쁜 결과를 보상함을 위해 주님께서 원하시는 이 길, 그리고 스스로도 가고 싶었던 순례길에 다시 한 번 오르기로 했다. 2011년에 산티아고길 순례를 다녀왔으니 이번이 두 번째다. 알 수 없는 두려움과 걱정이 겹친다. 카메라와 노트북의 무게도 만만치 않아 걱정을 보탰다. 하지만 이것이 없으면 순례의 여정과 하루하루의 묵상에 관한 기록도 사진도 남길 수 없으니 안 가져갈 수 없다. 이 무거운 것들을 어떻게 가지고 갈까 걱정이 되지만, 『평화의 선물』의 한 토막인 '포도나무와 가지' 글이 마음을 가볍게 해 준다. 묘하게도 오늘 뽑은 성경 말씀과도 연결이 된다.

오늘 드디어 출발한다. 이젠 선택의 여지가 없다. 두려움도 걱정도 하느님께 의탁할 수밖에 없다. 시작이 반이라 했던가. 지난밤까지도 잠을 못 이루고 뒤척였었는데 지금 나는 비행기 안에서 자판을 두드리며 이 글을 쓰고 있다. 현재 시각은 한국 시간으로 오후 4시 30분, 스페인 현지 시간으로는 오전 8시 30분이다. 8시간의 시차가 있다. 아침 9시에 집에서 출발하여 2시 30분에 파리행 비행기를 탔으니, 비행 2시간째다. 12시간 정도 걸린다고 한다.

비행기 안에서 기내식으로 비빔밥을 먹고 나니, 티켓 예매를 도와주었던 제자가 생일 축하 기내 서비스를 이용하여 내게 선물한 케이크가 나와서 옆자리 승객인 세실리아 자매님과 나누어 먹었다. 그 자매님은 항공사의 VIP 고객인데 몸이 좋지 않아 항공사의 배려로 옆자리 두 개를 비워 누워서 간다고 한다. 또 아무것도 모르면서 혼자 여행길에 나선 내가 너무 걱정된다며 공항에 내리면 자신을 픽업하기로 한 지인의 승용차를 이용하는 게 어떻겠냐고 한다. "요금은 50유로 드리면 되지 않을까?"라며. 나는 공항에서 민박집이 있는 몽파르나스Paris Montparnasse까지 리무진 버스를 타고 갈 예정이라 처음에는 거절했다. 그런데 막상 비행기에서 내려 보니 모든 게 쉽지 않아 할 수 없이 그 자매님에게 함께 가자고 했다. 언어가 안 통하니 어디 부탁을 할 수도 없고, 수하물 찾는 곳까지만 해도 나 혼자서 배낭을 메고 걷기에는 정말 너무나 멀었다. 사전 지식이 전혀 없이 길을 나선 나의 무모함이 여실히 드러났다. 드골 공항^{Aéroport de Paris-Charles-de-Gaulle}이 이렇게 클 줄이야…. 휠체어 서비스를 예약해 두었기 망정이지 정말 큰일 날 뻔했다. 그 자매님 덕분에 비행기를 타고 올 때도 편하게 왔고, 민박집까지도 그분 지인의 차로 편하게 올 수 있었다.

파리 시내 몽파르나스 역 부근의 민박집까지 오는 도중 계속 비가 내리다 그쳤다 한다. 한국에서 출발 전에 예약해 놓은 그 민박집은 현지 한국인이 운영하는 곳이다. 근처까지는 왔는데 이번에는 집을 찾기가 결코 쉽지 않았다. 비는 내리고 전화는 안 받고…. 바로 앞에 두고도 찾지를 못하고 계속 주변을 서성이다가 다시 여기다 싶은 집으로 가서 초인종을 눌렀더니 그때서야 여주인이 받는다. 엘리베이터를 탔는데 이번에는 문을 열 줄 몰라 한참이나 갇혀 있었다. 겨우 방에 들어갔더니 먼저 온 순례자 부부가 있었다. 곧이어 청춘 남녀 한 쌍이 들어왔다. 아주 좁은 방에서 5명이 하루를 보내는 것이다. 방값은 30유로였다. 그들이 나의 배낭을 보더니 이 짐을 가지고는 도저히 못 가니 다 버리라고 했다. 그들로부터 순례에 관하여 많은 정보를 들을 수 있었다. 파리 에펠탑의 휘황찬란한 불빛도 보았다.

첫날부터 좌충우돌이었다. 이번 순례를 무사히 마치고 나면 책으로 엮어 낼 예정이다. 이제는 아무 두려움 없이 용감하게 책으로 펴낼 결심을 한다. 반드시 길은 있을 것이다. 무언가에 이끌린 듯 가고 있는 순례길. 내 앞에 어떤 일들이 펼쳐질지 알 수 없다. 다만 주님께 나의 시간과 행보를 맡기고 주님이 비춰 주시는 등불을 따라서 나아갈 뿐이다. ✝

루르드 광장

02 생각지도 못한 루르드행 테제베를 타고

몽파르나스 – 루르드

오늘 아침에 나만 먼저 나오려는데 민박집 여주인이 몽파르나스 역까지 나와 동행해 주었다. 한방에 묵었던 청년들도 함께 나왔다. 셍장삐에드뽀르Saint-Jean-Pied-de-Port, 산티아고길 순례의 출발지. 이하 셍장행 첫차는 이미 출발했고 혼자 대합실에서 몇 시간 동안 다음 테제베를 기다리게 생겼는데, 그때 민박집 주인이 루르드Lourdes는 안 갈 거냐고 물었다. 나는 원래 그곳으로 먼저 갈 생각이었는데 교통편을 몰라 셍장으로 가려는 거라고 대답했다. 그녀는 바로 루르드행 기차표를 알아보고 8시 23분에 떠나는 기차로 나를 안내하고는 도착하면 남 아가다 수녀를 찾아가라고 했다. 루르드에 갈 수 있을 거라고는 생각지도 않았는데 신기하게도 이 모든 일이 순식간에 일어났다.

기차에 올라 어제부터 읽기 시작한 욥기를 다 읽은 후 감사의 묵주 기도를 바치고 이 글을 쓴다. '너희 기쁨을 충만하게 하려는 것이다.' 오늘 이 말씀처럼 지금 나는 정말로 기쁨이 충만하다. 테제베를 타고 달리는데 창밖에는 비가 내리고 있다. 루르드까지 대여섯 시간은 걸린다. 커피 한 잔 마시고 쿠키를 먹으며 느긋하게 창밖을 내다보며

내 기쁨이 너희 안에 있고 또 너희 기쁨을 충만하게 하려는 것이다. (요한 15,11)

옛 생각에 젖는다. 예전에 단체로 성지 순례를 왔을 때 루르드행 밤 기차를 타고 '나도 죽을까?'라는 생각을 한 적이 있었다. 그런데 가이 드로부터 '어떤 분이 기차에서 실족사를 하여 일행들이 아주 난처했 던 적이 있으니 차 안에서 다닐 때 주의하라.'는 얘기를 듣고, 일행들 에게 피해를 주지 말자는 생각에 마음을 바꿨었다. 그때 루르드에서 주님께서 커다란 성체 현시로 나를 살려 주셔서 지금까지 죽지 않고 살아 있는 것이다. 그 순례를 마치고 돌아온 후, 나는 아직 세상에서 할 일이 많고 '지금 죽을 수는 없다.'는 확신을 얻었었다. 그런데 지금 그곳을 다시 찾아가고 있으니 감회가 새롭다.

나는 이번 순례를 통해서 극도의 고통 속에서 사는 모든 분들에게 희망의 복음을 전하는 역할을 하고 싶다. 65세의 나이에 이렇게 무모 하게 길을 나섰다는 것 자체가 바로 기적이리라. 도저히 갈 수 없다 고 생각했던 루르드를 뜻밖의 도움으로 다시 가고 있다는 것 또한 기 적이리라. 아침에 욥기를 읽으면서 그 엄청난 고통 속에서도 끝까지 주님을 믿고 살아온 욥의 믿음에 큰 용기를 얻었는데, 이제 나도 흔 들림 없는 온전한 믿음을 가졌던 욥처럼, 포도나무에 붙어 있는 가지처럼 주님께 꼭 붙어 있어야겠다는 다짐을 한다.

드디어 루르드 역에 내렸다. 계속 비가 내리더니 제법 많이 온다. 카카오톡에도 아무 소식이 없고, 민박집 주인이 소개해 준 수녀님을 찾아갈 방도도 없다. 언어가 안 되니 어디 물어볼 수도 없다. 몽파르나스 역에서 헤어질 때 민박집 주인이 혹시 루르드에서 남 아가다 수녀님을 못 만나면 공용 숙박이 있으니 거기 가서 재워 달라고 하라면서 쪽지에 불어로 몇 자 적어 주었는데, 사람들에게 보여 줘도 아무도 모른다. 어디로 가야 할지 정말 눈앞이 캄캄했다. 나의 대책 없는 행동이 초래한 일인데 누굴 탓하랴? 기차에서 내린 사람들은 금방 시야에서 다 사라졌다. 마침 안내원이 길을 하나 적어 주어 고생 끝에 겨우 찾아가니 성당이 보였다. 성당 안내 센터를 찾아 숙소 얘기를 하니까 어떤 한국인 수녀를 연결해 주었다. 너무나 반가워 사정 얘기를 했더니 사전 예약 없이 왔다고 한마디 하고는 남 아가다 수녀님 핸드폰 번호를 알려 주었다. 무거운 배낭을 메고 남 수녀님을 찾아 나서다가 우연히 한국인 순례객을 만났는데, 그분의 도움으로 정말 기적적으로 남 수녀님을 만날 수 있었다. 우선 성체 조배부터 시작했다. 예전의 그 감동이 밀려온다. 그 옛날 죽을 각오로 왔던 내가 지금 살아서 다시 주님 앞에 섰으니, 남들은 모르지만 그 감격을 어찌 말로 다 할 수 있으랴? 오늘도 주님께서 나를 살려 주셨구나. 감격스러웠다.

성체 조배 후, 비가 많이 오니까 남 수녀님이 차로 나를 숙소까지 태워다 주고 체크인까지 해 주었다. 다행히 가격도 싸서 45유로에 하루 세끼를 다 제공해 준다기에 3일간 머물기로 했다. 숙소에서 곧바로 한국인들을 만나 함께 맛있게 저녁을 먹으며 오늘 있었던 일을 얘기했더니 이들도 놀란다. 나의 무계획성은 정말 내가 생각해도 답이 없다. 식사 후 촛불 행렬에 가자고 하여 일행들을 따라나섰다. 아직도 바깥은 여전히 추웠다. 옛날 생각이 났다. 그때 처음으로 해외 성지 순례를 나와서 인솔자 신부님과 함께 프랑스 전역을 돌았는데, 그때까지 나는 아무에게도 나의 고통을 얘기하지 않았었다. 이해할 수 있는 사람이 없다고 생각했기 때문이다. 신부님에게도 얘기하지 않은 것은 물론이고 고

루르드 성모님

백성사도 보지 않았었다. 그만큼 사람에 대한 신뢰가 무너져 있었다. 그 뒤 인솔자였던 김 신부님은 교회에서 옷을 벗었다. 예전 일을 회상하며 오늘 사제들을 위한 기도를 하지 않을 수 없었다. 그리고 또 기도를 부탁받은 이들을 떠올리며 주님께 기도를 올렸다. 촛불 행렬 자체도 감동이었다. 이 감동 속에서 나는 서서 졸고 있었다. 너무 긴장했다가 식사 후 긴장이 풀리면서 졸음이 찾아온 것이다. 그 옛날 그 고통 속에서 나 혼자 새벽에 마사비엘 동굴 앞에 기도하러 왔다가 서서 엄청 졸았던 생각이 났다. 인간은 극도의 고통 속에서도 한순간 졸기도 하고 긴장이 풀어지기도 하는 것 같다. 주님! 감사합니다. 나의 기쁨을 충만하게 해 주셔서 감사하나이다. ✝

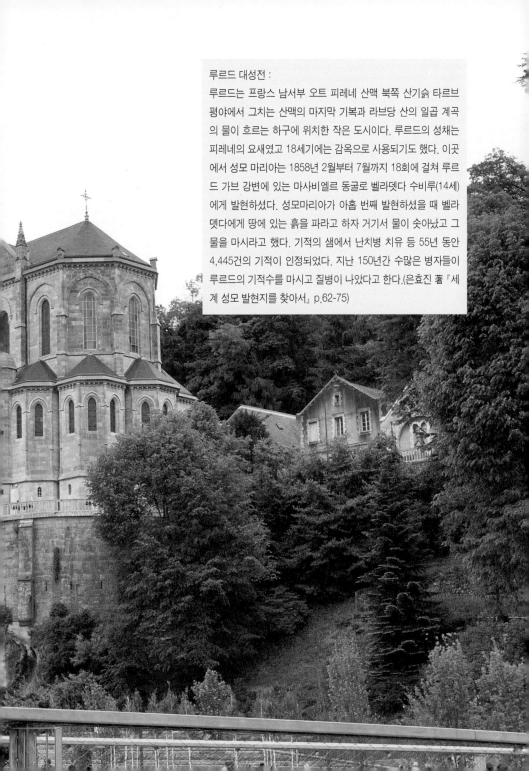

루르드 대성전 :
루르드는 프랑스 남서부 오트 피레네 산맥 북쪽 산기슭 타르브 평야에서 그치는 산맥의 마지막 기복과 라브당 산의 일곱 계곡의 물이 흐르는 하구에 위치한 작은 도시이다. 루르드의 성채는 피레네의 요새였고 18세기에는 감옥으로 사용되기도 했다. 이곳에서 성모 마리아는 1858년 2월부터 7월까지 18회에 걸쳐 루르드 가브 강변에 있는 마사비엘르 동굴로 벨라뎃다 수비루(14세)에게 발현하셨다. 성모마리아가 아홉 번째 발현하셨을 때 벨라뎃다에게 땅에 있는 흙을 파라고 하자 거기서 물이 솟아났고 그 물을 마시라고 했다. 기적의 샘에서 난치병 치유 등 55년 동안 4,445건의 기적이 인정되었다. 지난 150년간 수많은 병자들이 루르드의 기적수를 마시고 질병이 나았다고 한다.(은효진 著『세계 성모 발현지를 찾아서』p.62-75)

03 침수 예절
루르드 2일차

오늘은 새벽에 일어나 성당으로 갔다. 새벽부터 사람들이 모여들기 시작한다. 가다가 남 수녀님을 만났다. 새벽 6시 미사에 간다고 하면서 함께 가잔다. 한국에서 성지 순례단을 인솔해 온 신부님이 오늘 떠나는 날이라고 하면서 미사에서 강론을 해 주셨다. 주제는 돈 보스코 성인의 청소년 사목이었다. 들으며 나의 사명에 대해 생각했다.

나의 마지막 사명은 무엇일까? 분명 나에게도 어떤 사명을 주시리라. 강론이 끝난 후 그 신부님은 남 수녀님에게 그동안 성지 가이드를 잘 해 주셔서 감사하다고 했다.

미사 후 숙소로 내려와 아침을 먹고 곧바로 침수터로 가서 두 시간 넘게 기도하면서 기다렸다. 속에서는 계속 감사의 눈물이 흐른다. 나 같은 죄인이 어떻게 여기까지 올 수 있었는가? 마땅히 철저하게 준비를 하고 왔어야 함에도 그러지 못했던 나를 주님께서 여기까지 이끌어 주셨구나. 예전에 여기서 침수를 받으면서 너무 추웠다는 생각을 잠시 했지만, 오늘 새벽 미사에서 신부님 체험담도 들어서 그런지 덜 두려웠고 계속 감동의 눈물만 흘렸다. 침수에서 올라와 나는 울었

너희가 가서 열매를 맺어 너희의 그 열매가 언제나 남아 있게 하려는 것이다. (요한 15,16)

다. 나의 육신의 질병과 영혼의 질병까지 모두 다 씻어 주시기를 바라면서….

11시 미사에 갔더니 흑인 군인들이 모여 소성당에서 미사를 하고 있었다. 처음으로 보는 흑인들의 미사였는데 얼마나 즐겁고 기쁘게 보이는지 마치 잔칫집에 온 것 같은 분위기였고 축제의 장과 같았다. 저절로 어깨를 들썩이며 진정으로 주님을 찬미하는 아름다운 미사였다. 보는 것만으로도 너무나 감사했다. 흑인들이 음악에 맞추어 흥에 겨워 미사를 드리는 모습은 오랫동안 내 머릿속에 남을 것 같다.

돌아와서 갑자기 일요일 셍쟝으로 떠나는 기차표를 어떻게 끊을까 생각하다가 음성번역기에 대고 말을 했더니 놀랍게도 불어가 적혀 나온다.

사실 불어에 맞추어 놓은 적도 없는데 말이다. 숙소 주인인 모니카에게 보여 주었더니 당장 도와주겠다며 역으로 가자고 한다. 덕분에 아주 쉽게 해결이 되었다. 역에 가 보니 지난밤에 같은 숙소에서 묵었던 한국인 남자분 두 명이 산티아고로 출발하기 위해 서 있었다. 배웅을 하고 돌아와 점심을 먹었다. 부산 남천에서 온 자매와 두 시

간 가까이 천천히 먹었다. 나는 아직 누구와 이렇게 천천히 여유를
가지고 밥을 먹어 본 적이 없었다. 우리는 서로 가정사 얘기는 않고
순례 얘기만 나누었다. 한 바퀴 돌고 오니 내 방을 말끔히 다 치워 놓
았다. 한편으론 놀랍고 감사했다. 점심을 너무 많이 먹어 배가 정말

부르다. 평소에 먹어 보지 못한 음식들을 먹고 있으니 큰 대접을 받는 기분이다. 이곳에서 영적 육적으로 나를 온통 정화해서 생장으로 넘어가야겠다. ✝

1. 무작정 떠나고 보자 **031**

04 마사비엘 성모님 동굴
루르드 3일차

새벽에 일어나 침수부터 하러 갔는데 다행히 옆에 한국인 자매가 있어서 서로 얘기를 나누다 보니 많이 가까워졌다. 나더러 어디 가느냐고 묻기에 차마 산티아고 얘기를 꺼낼 수 없어 그냥 스페인이라고 했더니, 그 자매가 넘겨짚으며 산티아고 가느냐고 다시 물었다. 그리고 혼자서 대단하다는 것이다. 그 순간 나는 '이제는 이 길이 내가 가야 하는 길인가 보다.'라는 생각이 들었다. 그녀는 나를 위해 기도해 주겠다며 내 이름까지 적어 갔다. 나는 아무 할 말이 없었다. 계속 자신이 없었기 때문이다.

아예 아침을 단식하고 내처 미사까지 보았는데, 새벽 미사에서 본당 신자들을 데리고 성지 순례를 오신 김 베드로 신부님을 만났다. 예전에 나도 프랑스 루르드, 포르투갈 파티마, 벨기에 바뇌 등의 성모님 발현지를 중심으로 처음으로 순례를 다녀온 적이 있었다. 그때 나는 정말로 너무나 처절한 고통에 처해 있었는데, 누군가 성지 순례 도중에 심장마비로 돌아가셨다는 얘기를 듣고 나도 그렇게 아무에게도 피해를 주지 말고 나 하나만 조용히 사라지면 되겠구나 싶은 생각으로 성지 순례를 떠났던 것이다. 그런데 테제베를 타고 오면서 그렇

내 말을 지켰으면 너희 말도 지킬 것이다. (요한 15,20)

게 죽으면 다른 순례객들에게 많은 피해를 준다는 것을 깨닫고 그 생각은 버렸었다. 그런데 이곳 루르드에 도착하여 주님의 도움으로 내가 살아났던 것이다. 김 신부님께 간단히 인사한 후 산티아고를 갈 예정인데 배낭의 무게 때문에 굉장히 걱정된다고 했더니, 미사 중에 나를 소개하면서 기도를 해 주라고 하신다. 아! 이제 산티아고 순례는 기정사실이 되어 간다. 나는 아직 자신이 없는데 주님의 손길은 벌써 그렇게 되도록 모든 것을 준비해 놓으셨나 보다.

곧바로 성모님께서 발현하신 마사비엘 동굴에 가서 벽을 만지면서 기도했다. 자리에 앉아 묵주 기도를 하는데 옛날 중고등학교 때가 생각났다. 그 시절 우리는 루르드와 똑같은 모습의 성모 동굴과 제단을 만들어 놓고 매일 그 앞을 기도하며 지나다녔었다. 또 5월 성모성월이면 고운 한복을 차려입고 전교생이 보는 앞에서 성모님 동산에 꽃다발을 바치러 올라갔다. 한참 동안 옛 추억에 폭 잠겨 있다가 다시 동굴 벽을 만지며 묵상을 했다. '성모님은 나를 어릴 때부터 지켜봐 주셨구나. 죄악에 빠지지 않도록 그렇게 지켜 주셨건만 나는 바로 서지 못했구나.' 하지만 나는 나를 살려 주신 주님을 확실히 기억하고

위 _ 마사비엘 성모님 동굴

아래 _ 세계 군인 성체 대회

있다. 주님께 내가 무사히 순례를 마칠 수 있도록 해 달라고 계속 기도할 수밖에 없었다.

동굴을 나와 성체 조배실에도 갔다. 저녁에는 혼자서 밥을 먹는데 전혀 당기지 않는다. 아침에도 단식했는데 벌써 식욕이 떨어졌나 보다. 식사 후 다시 촛불 행렬에 참여하려고 성지로 갔는데 세계 군인 성체 행사로 전 세계의 많은 군인 신자들이 모여 인파로 무지 붐볐다. 지쳐서 거의 쓰러지기 일보 직전에 숙소로 들어왔는데 너무 힘들다 보니 '내가 괜히 왔나? 앞으로 순례길을 어떻게 걷지?'라는 두려움과 절망감이 순간적으로 나를 엄습해 왔다. 몸 상태에 따라 마음도 오락가락한다. 주님, 저를 단단히 붙들어 주소서!

루르드에서의 마지막 밤이다. 내일이면 산티아고 순례의 출발지인 생장으로 넘어간다. 지금 비록 몸은 피곤하지만, 본격적인 순례에 앞서 이곳 루르드에서 며칠 기도하고 묵상하며 정화할 수 있는 시간을 가져서 좋았다. ✝

05 루르드에서 카미노를 위한 미사를 봉헌하고

루르드 – 바욘 – 셍장삐에드뽀르

한국을 떠난 지 벌써 5일째다. 간밤에는 촛불 행렬 피로의 여파로 잠을 잘 못 잤다. 일찍 잠이 깨어 성경을 읽으면서 나를 고아로 버려두지 않겠다는 주님의 말씀에 힘을 얻어 새벽 미사에 가게 되었다. 새벽에 맞는 주일 미사는 나에게 새로운 방향을 제시해 준다. 김 신부님과 함께 온 일행들에게 내가 산티아고 순례에 대한 걱정을 말하니까 그중 한 사람이 자기도 세 번 다녀왔다며 짐은 미리 부치고 천천히 걸으라고 용기를 준다. 그 말이 힘이 되었다. 일행들에게 감사의 인사를 한 후 숙소로 내려와 아침을 먹었다. 며칠 겪어 보니 숙소 주인과 그의 딸 모니카는 정말 사랑과 친절이 몸에 배어 있다. 그냥 영업이 목적이 아니라 그들도 순례객을 돕는 진정한 순례자인 것 같다.

며칠 전 이곳에 묵었던 두 남자분이 『순례자』란 책을 뒷사람을 위해 남겨 두고 갔다. 기차 타고 가면서 읽고, 나는 또 다른 순례객에게 넘겨줄 것이다. 순례란 무언가를 찾기 위해 떠나는 여정이고, 어쩌면 그 찾고자 하는 것은 자신의 사명일 수도 있다. 나에게도 무엇인가 사명이 있을 테고, 그 사명을 찾고자 힘들고 두렵고 주저하면서도 이

나는 너희를 고아로 버려두지 않고 너희에게 다시 오겠다. (요한 14,18)

길을 가는 것이다. 그런데 혼자 걷기에도 힘든 이곳을 카메라와 노트북까지 왜 굳이 들고 왔는지…. 그냥 노트에 쓰고 핸드폰으로 찍으면 될 텐데 말이다. 그러나 이것을 버려두고 갈 수는 없다. 다른 것은 걱정이 안 되는데 '이 두 가지를 어떻게 들고 가지?' 하는 걱정 때문에 지금까지 마음이 무겁다. 하지만 내가 순례를 무사히 마치는 날이면 나의 사명이 무엇인지 분명히 알 수 있을 것 같다.

아침부터 계속 '성령'에 관한 얘기가 나온다. 주님께서 나에게도 성령을 부어 주시면 아무것도 두려울 게 없을 것 같다. 내가 가야 할 방향이 주어질 것 같다. 오늘 루르드를 떠나 바욘Bayonne을 거쳐 산티아고 순례의 출발지인 생장으로 들어간다. 모든 것을 주님께 맡기고 나아가고자 한다. 어제의 걱정은 지나가고 오늘 또다시 새로운 힘이 생겼다.

점심때쯤 모니카 아버지가 역까지 자동차로 바래다주었다. 점심으로 먹으라며 샌드위치와 과일도 듬뿍 싸 주었다. 3일간 방값과 식사 요금은 총 135유로였다. 편안한 독방에 머물며 며칠 잘 지낸 것치고는 아주 싼값이었다. 게다가 주인들까지도 아주 친절하여 말이 통하지 않는데도 더할 나위 없이 좋았다. 우리는 역에서 아쉬운 작별을 했다.

다시 혼자가 된 나는 안 되는 영어와 몸짓까지 동원해서 겨우겨우 바욘 역을 거쳐 정말 기적처럼 셍장에 도착했다. 하지만 그게 끝이 아니다. 기차에서 내려 무거운 배낭을 메고 사람들을 뒤쫓아 순례자 사무소를 찾아가는데 이번에는 더워서 죽을 뻔했다. 꼭대기까지 따라는 왔는데 사무소가 어디에 있는지 알 길이 없고 말이 안 통하니 물어볼 수도 없었다. 가방을 내려놓고 쉬고 있는데 앞에 한국인 대학생으로 보이는 이들이 앉아 있다.

다행히 두 젊은이 덕에 사무실에서 순례자 등록을 하고, 그들이 인터넷으로 예약해 놓은 알베르게로 따라가 숙소 고민까지 해결되었다. 또 이들로부터 카메라와 노트북까지 도움을 받을 수 있었다. 이

루르드의 성체 현시 장소

들은 내일 출발한다는데 나는 아직 아무것도 할 수 없다. 일단 이곳에서 이틀을 쉬다가 갈 길을 정해야겠다.

셍쟝 순례자 사무실

아침 말씀대로 주님은 나를 고아처럼 혼자 내버려 두지 않으셨다. 아직까지는 두렵고 혼자서 할 수 있는 게 없다. 내일부터는 배낭을 메고 산을 넘어야 하는데 과연 내가 잘 해낼 수 있을까? 자신이 없으면 돌아가는 일만 남았다. 그렇지만 지금 내가 돌아가면 아무것도 아니다. 분명 주님께서 나에게 가르쳐 주시는 길이 있으리라. ✝

06 드디어 생쟝에서 첫출발을 기다리며
셍쟝삐에드뽀르 2일차

셍쟝 알베르게albergue, 순례자 숙소에서 하룻밤을 보냈다. 어제
는 내가 왜 이 순례를 하는 것인지 많이 궁금했었다. 잠자리
에서도 걱정이 되어 뒤척였다. 그런데 아침에 눈을 뜨니 어쩌면 길이
있을 것 같았다. 어제 순례자 사무소에서 나를 도와주었던 젊은이 둘
은 새로 개발된 북쪽 해안길로 간다면서 아침 일찍 딱딱한 바게트와
커피를 먹고 떠났다. 커피는 내가 대접했다. 그들을 보내고 성경을
펼쳐 오늘 묵상할 말씀을 뽑았다.

일단 밖으로 나왔다. 마을을 관통하여 흐르는 니베 강의 다리 끝
에 바로 작은 성당이 있는데 정면으로 아기 예수님을 안고 있는 성모
상이 보인다. 성당이 가까이 있어 너무 좋다. 성당 내에는 촛불이 환
하게 켜져 있었다. 묵주 기도를 하는데 루르드의 잔잔한 여운이 계속
내 안에 울려 퍼진다. 성당에 앉아 있으니 어쩌면 내가 이 순례를 마
치는 것이 주님의 뜻이 아닐까 하는 생각이 든다. '그렇다면 이제 어
떻게 하지?' 하다가 혹시나 하는 마음에 순례자 사무소를 찾아갔다.
내일 이곳을 떠나 묵게 될 곳은 오리송Orisson 산장인데, 다른 사람들
말로는 아마 자리가 없어 예약하기가 엄청 어려울 거라 했었다. 그런

그들의 때가 오면 내가 너희에게 한 말을 기억하게 하려는 것이다. (요한 16,4)

데 나는 단어 몇 마디와 몸짓으로 오리송 숙소를 극적으로 예약했다. 일박에 32유로였다. 말이 전혀 통하지 않았음에도 성령께서 함께하셨음을 나는 안다. 밤새껏 걱정했는데 또 한 번 놀라운 일이 생긴 것이다. 여기까지 와서도 걱정이 많았는데, 다음 숙소를 예약했으니 이제는 갈밖에…. 차라리 마음이 가볍다.

숙소로 돌아오는 길에 가벼운 배낭과 스틱 두 개를 샀다. 배낭에는 내일 잠잘 때 필요한 것과 최소한의 먹거리와 카메라만 담고, 나머지 큰 짐은 오후에 순례자 사무소 근처의 택배 가게에 가서 모레 묵게 될 론세스바예스Roncesvalles로 부쳤다. 프랑스의 오리송에서 스페인의 론세스바예스까지는 국경인 피레네 산맥을 넘는 코스라 짐을 다 지고 갈 수 없기 때문이다. 택배비는 8유로였다. 그러고 나서 순례자 식당을 찾아 헤맸으나 어딘지 몰라 뱅뱅 돌았다.

배는 고프지만 불안한 마음에 다시 성당으로 향했다. 가는 길에 뜻밖에도 아침에 떠났던 젊은이들을 만났다. 웬일인가 물었더니 길을 잃어 너무 무서워서 길 가는 차를 세워 얻어 타고 돌아왔다고 한다. '이런 젊은이들도 길을 잃는데 나는 어떻게 하지?' 한편으로는 반

위 _ 생장 니베 강

아래 _ 성모승천 성당 내부

가우면서도 다시 걱정이 스멀스멀 피어오른다. 함께 성당으로 가서 미사를 하고 순례자들을 위한 축복까지 받고 나니 비로소 다소 안정이 되었다. 걱정을 하다가 희망을 얻고, 또 불안해하다가 위안을 얻고…. 순간순간의 상황에 따라 마음이 널을 뛴다. 미사 후 그 청년들의 도움으로 기어이 순례자 식당을 찾아가서 혼자 순례자 메뉴로 식사를 하고 포도주까지 한잔하고 곧장 숙소로 돌아왔다.

나 혼자 이 길을 가게 되리라는 것은 상상도 할 수 없었다. 매 순간 주님께서 천사를 보내시어 나의 길을 인도하심을 느낀다. 천사는 그 때그때 다른 얼굴을 하고 나타나서 나를 돕고는 곧바로 사라진다. 어젯밤 그 젊은이들을 만나지 않았다면 어떻게 되었을까? 그들은 순례자 등록을 도와주었을 뿐만 아니라, 카메라와 노트북도 쓸 수 있게 해 주고 또 가는 방향도 알려 주었다. 아마도 내일이면 또 다른 천사가 나타나 나를 도와줄 것이다. 정말로 상상도 못했던 일이다. 그래서 사도 바오로가 아무것도 모르면서 선교 여행을 떠났나 보다. 곳곳에 위험이 도사리고 있음에도 3차 여행까지 그렇게 갈 수 있었나 보다. 지금 내가 아무것도 모르면서 더군다나 말도 통하지 않으면서 이렇게 다닐 수 있다는 것이 바로 성령께서 나를 이끄시는 증거가 아니겠는가?

내일은 이곳 셍쟝을 떠나 드디어 산티아고길 순례에 오른다. 피레네 산맥의 오리송까지 갈 예정이다. 최소한의 짐과 카메라만 들고 가면 된다. 또 모레는 산맥을 넘어 스페인 땅 론세스바예스까지 걸어가야 한다. 이제 걱정도 두려움도 떨쳐 버리고 오직 주님만 믿고 나아갈 뿐이다. 내일모레까지 오직 기도만 하면서 가야겠다. 주님, 저와 함께 하소서. ✝

07 첫날부터 구급차로 병원에 실려 가다

셍장삐에드뽀르 – 오리송 – 셍빨레 병원(셍장~오리송 거리 : 7.4km)

오늘은 산티아고길 순례의 본격적인 첫날이다. 산티아고 순례길Camino de Santiago은 여러 루트가 있는데, 내가 걷고자 하는 길은 프랑스의 셍장삐에드뽀르Saint-Jean-Pied-de-Port에서부터 스페인의 산티아고 데 콤포스텔라Santiago de Compostela까지 약 800km에 이르는 프랑스길Camino Francés이다. 산티아고Santiago는 예수의 열두 제자 중 하나였던 야고보 성인Saint James을 칭하는 스페인식 이름인데, 그 도시에 그 성인의 무덤이 있다.

새벽에 3시도 안 되어 잠이 깨어 걱정이 되어 어찌할 줄 몰랐다. 살금살금 일어나 식당으로 가서 성무일도를 바치고 오늘의 말씀을 택한 후 아침 먹고 누군가 떠나기를 기다렸다. 그러면 나도 함께 따라가려고 했지만 한참을 기다려도 아무도 나오지 않는다. 한국에서부터의 걱정이 이제는 눈앞의 현실로 다가왔다. 어쩌랴? 직접 부딪치는 수밖에…. 드디어 혼자 용기를 내어 길을 나섰다. 6시 30분에 출발했는데 계속 안개가 끼어 그렇게 덥지는 않았다. 안개 속을 걷고 있으니 이게 꿈인가 생시인가 싶었다. 나무가 없는 산이었지만 날씨 덕에 걷기에는 제격이다. 가끔 사람들이 지나다녀서 별로 무섭지도 않

보호자께서 오시면 죄와 의로움과 심판에 관한 세상의 그릇된 생각을 밝히실 것이다. (요한 16,8)

앉다. 어제 산 배낭은 가격은 좀 비쌌지만 너무나 실용적이었다. 그 배낭 덕에 짐을 두 개로 나누어 큰 짐은 미리 부치고, 작은 짐만 가지고 이동할 수 있었다. 카메라를 목에 걸고 오면서 사진을 찍는데 무게 때문에 힘들었지만 어쩌면 이것이 내가 해야 할 사명인지도 모르겠다. 사진도 찍고 심령 기도도 하면서 정말 행복하게 걷다 보니 어느덧 오리송에 도착했다. 10시 30분에 도착했으니 8km 가까운 거리를 4시간 만에 답파한 것이다.

오후 1시까지 와야 한다기에 일찍 나섰더니 시간이 일러 산장에 딸린 레스토랑에서 기다려야 했다. 어제는 성당 앞에서 집시 행색의 외국 청년들이 연주하는 걸 보았는데, 오늘은 자동차로 유럽을 돌아다니며 연주 여행을 하는 한국 청

오리송 알베르게

년들을 이 높은 오리송에서 만났다. 그들은 한참을 연주하다가 갔다. 우리 젊은이들 정말 대단하다는 생각이 든다. 레스토랑에서 오렌지주스, 코코아, 수프로 끼니를 때우고 순례 일기를 썼다. 노트북을 짐과 함께 부쳤기에 공책에 손으로 쓰자니 불편했다. 성경도 부쳐서, 순례객들이 두고 간 홍사영 신부님의 『산티아고 길의 마을과 성당』을 다시 읽었다.

이곳은 높은 산중이라 계속 추웠다. 오리송 산장Refuge Orisson 숙소에 들어와 샤워를 했다. 요금은 일박에 32유로, 저녁과 다음 날 아침 식사를 포함하면 36유로다. 이때까지는 하루가 비교적 수월했다. 그런데 말씀 묵상을 하려고 침실에 갔다가 나오면서 신발 끈을 잘못 밟아 그만 계단에서 앞으로 넘어졌다. 입술은 터지고 손과 무릎, 양쪽 갈빗대가 부러지는 것 같았다. 정신이 아득했다. 이내 사람들이 몰려와서 응급조치를 해 준다. 순례를 위해 여기까지 왔는데 첫날부터 다치다니 이게 무슨 뜻일까?

저녁 식사 시간에 각자 자기 나라 소개를 한다. 아픈 걸 억지로 참고 간신히 내 소개를 끝냈다. 나는 아직도 정신을 차리지 못해 사람들과 어울리지 못하고 멍하니 앉아 있었다. 어머니와 아들이 함께 순례를 온 한국인들이 두 팀 있었다. 순간 우리 아들딸이 생각났다. 부러웠다. 아픈 가슴을 안고 겨우 식사를 마치고 바깥으로 나갔다. 그때 한 모자 팀이 나를 따라 나오면서 한국에서 왔느냐고 인사를 한다. 나는 "계단에서 넘어져 지금 너무 아픈데 이 고통이 무슨 뜻일까 생각 중"이라고 답했다. 몇 마디 나누고 나서 나는 혼자 먼저 침실로 들어갔다. 잠시 누워 있으니 사람들이 하나둘 들어오기 시작한다. 일어나려고 했으나 너무 아파 꼼짝도 할 수 없었다. 그래서 한국 사람

좀 불러 달라고 소리쳤다. 잠시 후 그들이 이리저리 연락하더니 서울에서 온 모자 팀의 어머니를 불러왔다. 나는 그녀가 영어를 못하는 줄 알고 아들을 불러 달라고 했더니 본인이 영어를 하기 시작한다. 그리고 자신을 의사라고 소개하고 나서 내 가슴을 만져 보더니 구급차를 불러 병원으로 가서 사진을 찍어 봐야겠다고 한다.

오리송 휴게소에서

잠시 후 사람들이 모여들기 시작했고 바로 119가 도착했다. 겨우 몸을 일으킨 나는 그 경황 중에도 곧 몸이 회복되면 다시 피레네 산맥을 넘어 론세스바예스로 가야겠다는 생각으로 아예 내 짐을 챙겨 병원으로 향했다. 도착한 곳은 셍빨레 병원Hospital de Saint Palais인데 의사와 간호사 모두 아주 친절하다. X-ray 촬영 결과 골절되지는 않았다고 한다. 약을 세 알 정도 주고 오늘 밤은 여기서 자고 내일은 오리송으로 가라고 한다. 초장부터 다쳐서 큰일이다. 과연 이 몸으로 제대로 순례를 할 수 있으려나? 오늘 말씀처럼 나의 그릇된 생각을 밝혀 주시려고 나를 다치게 한 것일까? 다친 것도 주님의 뜻! 오직 주님만 믿을 뿐이다. ✝

08 이게 무슨 뜻일까?
생빨레 병원 – 스페인 론세스바예스

어젯밤 진찰을 받고 약을 먹은 후 통증도 줄었고 그런대로 잠도 잘 잤다. 이제부터가 문제다. 나는 의사에게 짧은 영어로 "어제 오리송 알베르게 주인이 나를 데리러 온다 했다."는 말만 되풀이했다. 거의 1시까지 기다렸는데 아무도 나타나지 않았다. 묵주기도를 하면서 불안과 안심이 번갈아 되풀이되었다. 이제 이 아픈 몸으로 어떻게 할까? 그때 난데없이 택시 기사가 와서 론세스바예스 Roncesvalles로 가겠느냐고 물었다. 알고 보니 병원 의사와 오리송 알베르게 주인이 통화하여 지금의 내 몸 상태로 걸어서 산맥을 넘어가기는 힘드니 내 짐을 부쳐 놓은 론세스바예스까지 바로 가는 게 낫겠다고 판단하고 아예 택시를 불러 준 것이었다. 한참 아니라고 하다가 생각해 보니 그게 오히려 낫겠다 싶었다.

병원비가 무려 180만 원 정도 나왔다. 순간 너무 놀랐다. 거기에 비하면 론세스바예스까지의 택시비 110유로 정도는 아무것도 아니었다. 마음을 정하고 택시에 탔다. 얼마나 먼 길을 달렸는지 내가 지나온 생장을 다시 되돌아 지나 국경을 넘어 스페인 땅 론세스바예스까지 왔다. 그러니까 병원은 오리송과 생장보다 국경에서 더 안쪽으로

그분 곧 진리의 영께서 오시면 너희를 모든 진리 안으로 이끌어 주실 것이다. (요한 16,13)

있었던 것이다. 택시 덕분에 편하게 도착했다. 아무튼 순례 첫날에 내가 준비해 간 돈이 다 날아갔다.

이곳 론세스바예스의 수도원 알베르게는 시설이 아주 좋고 가격은 10유로이다. 이곳은 아무리 환자라 해도 하루 이상은 머물 수 없단다. 여기서 단체로 온 한국 사람 네 명을 만나 사정 얘기를 했더니 많이 도와주었다. 이들은 대구에서 왔다고 한다. 미리 부쳤던 배낭을 찾고 샤워도 하고 노트북을 꺼내 어제 공책에 썼던 글을 다시 옮기니 너무 힘들다.

왜 넘어졌을까? 무슨 뜻일까? 아직은 잘 모르겠다. 어제 넘어질 때의 상황은 '이제 죽었구나.' 싶었다. 그때 나는 바닥에 엎어진 채 "주님, 살려 주세요."라고 외치고는 예상치 못한 사태에 대해 '이게 무슨 뜻일까?'를 계속 생각했었다. 지금 비록 몸은 아프지만 오늘도 주님께서 함께하심을 느낀다. 나를 치료해 준 병원 의사, 여기까지 나를 태워다 준 택시 기사, 이곳에서 나를 도와준 한국인들, 이들이 바로 오늘 주님께서 내게 보내 주신 천사들이었다. ✝

위 _ 피레네 산맥
아래 _ 론세스바예스 가는 길

론세스바예스 알베르게

09 청하여라, 받을 것이다

론세스바예스 – 팜플로나(거리 41km)

아침에 눈을 뜨자마자 어제 만났던 한국인들은 새벽 6시에 모두 출발을 했다. 나는 혼자 일어날 수도 없어 한 청년의 도움으로 겨우 일어나 '오늘 일정은 어떻게 하지?' 하고 잔뜩 걱정을 하다가 일단 여기서 나가라고 하는 시간까지 버티기로 했다. 어제 저녁에 산 빵을 먹고 성경을 읽고 오늘의 묵상 말씀을 찾았다. 진통제 하나를 먹었지만 아무 소용이 없다. 아침 8시가 되니까 빨리 나가라고 성화다. 거의 내쫓기다시피 수도원을 나왔는데 가방을 들 힘도 없다. 겨우 짊어지고 마침 보이는 수도원 성당으로 갔다.

내가 현재 처해 있는 상황이 그야말로 비참했다. 아니 너무 가혹했다. 주님께 '어떻게 해야 합니까? 어디로 가야 합니까? 아무도 나를 도와줄 사람이 없습니다. 내 배낭을 들 힘도 없습니다.' 하고 울며 매달릴 수밖에 없었다. 내가 지금 할 수 있는 일은 아무것도 없다. 택시로 갈까? 버스를 탈까? 밖으로 나가서 물어봐도 말이 통하지 않는다. 그때 커플로 보이는 미국인 청년들이 나를 보고 있다가 "버스 탈거냐? 수비리Zubiri까지 갈 거냐?" 물었다. 그렇다고 했더니 자기들도 거기를 지나갈 거란다. 주님께 청했더니 바로 동행자를 보내 주셨

청하여라. 받을 것이다.
그리하여 너희 기쁨이 충만해질 것이다. (요한 16,24)

다. 내 가방도 부탁하여 받은 청년이 들고 함께 버스를 탔다. 처음에는 수비리까지만 갈 생각이었으나, 그들이 팜플로나 Pamplona 까지 간다기에 나도 일정을 바꿔 함께 이리로 오게 되었다.

팜플로나는 지금까지의 다른 마을들에 비하면 제법 규모가 있는 도시였다. 버스에서 내려 급한 대로 약국부터 들러 진료카드를 보여 주고 약을 지었다. 미국인 청년이 약국을 찾아 나를 데려가서 내 상태까지 설명해 준 것이다. 몸에 밴 친절과 배려가 느껴졌다. 약값은 5유로가 안 되었다. 이제 숙소를 찾아가야 하는데, 밖에서 벤치에 앉아 기다리던 그의 여자 친구가 다리가 아파 울고 있었다. 그래서 내가 같이 택시를 타자고 했다. 어제 론세스바예스까지 오는 데 든 110유로에 비하면 버스비 5유로, 택시비 5유로는 정말 아무것도 아니었다. 물론 택시비는 내가 냈다. 도와준 것에 대한 고마움의 표시로 말이다.

청년의 도움으로 알베르게를 찾아 12시경에 입실이 가능했다. 사립인데도 1박에 5유로, 아침 식사 2.5유로밖에 안 한다. 내가 묵은 방에는 나 말고는 모두 젊은이들로 총 8명이다. 미국 청년 커플도 같

캘러핸, 콜트와 함께

은 방에 묵었다. 가슴이 너무 아파 '내가 과연 끝까지 갈 수 있으려나? 기쁨이 충만해지지 않고 자꾸만 자신이 없어지는데 무슨 뜻일까? 내가 왜 왔을까? 이유가 뭘까?'를 계속 되묻는다. 여전히 누웠다가 일어나 앉을 수가 없다. 아까 약국에서 지은 약으로 빨리 회복되었으면 좋겠다. 샤워하고 동생들과 수녀님의 문자를 받고는 조금 위안이 된다. 매일매일 기적으로 살고 있지만 불안한 마음은 여전하다. 내일은 이 부근에서 하루 머물며 쉬고 싶다. 고통이 곧 기쁨으로 변할 때까지 불안해하지 말고 기도하자. 주님의 도우심을 믿으며 불안해하지 말자.

미국인 청년들이 저녁을 먹으러 가자고 한다. 조금 걸어 나가서 10유로에 아주 맛있는 음식을 먹고 왔다. 저녁을 들며 얘기를 나누는데 말이 잘 통하진 않지만 기본적인 단어들로 알아듣는다. 남자 이름은 콜트Colt이고 여자 이름은 캘러핸Callahan인데 사귀는 사이란다. 이들은 서로의 어려움을 직감적으로 알아보고 시종일관 함께한다. 남자 청년이 아픈 여자 친구 귀찮다고 혼자 두고 먼저 가지 않는다. 여자 친구가 다리가 아파서 어쩔 수 없이 버스를 타게 되었다고 한다. 그 덕에 내가 이들을 만나게 되었던 것이다. 이들의 그런 배려와 자상함은 둘 사이에서만 그치지 않는다. 내게도 시간 맞추어 약을 먹으라고 알려준다. 그리고 내일 이곳에 더 머물 거냐고 묻는다. 그럴 거라고 했더니 여자 친구 때문에 자기들도 이곳에 더 머물겠다고 한다. 그 말을 듣는 순간 너무 기쁘고 안심이 되었다. 기쁨이 충만해지는 것 같았다. 이들을 통해 정말 진정한 사랑을 배우게 된다.

본당 수녀님이 몇 번 전화했다. 요금 폭탄 때문에 전화를 받을 수가 없다고 하니까 그래도 괜찮다며 받으라고 한다. 이제 스마트폰에 유심만 바꾸어 달면 될 것 같다. 한국에서 아무에게도 물어볼 수가 없어 그냥 왔더니 눈앞이 캄캄한 일이 한두 가지가 아니다. 또 한 번 나의 대책 없는 모습이 드러난다. 이런 저를 마다하지 않고 이끌어 주시는 주님. 오늘도 제 요청에 응답하신 주님. 감사를 바치며 앞길을 맡깁니다. ✝

10 말이 통하는 천사들을 만나다
팜플로나 2일차

아침에 가슴이 너무 아파 겨우 일어났다. 아침 식사를 하고 알베르게를 나와 팜플로나 시내 구경을 나섰다. 숙소를 옮길 생각으로 짐을 챙겨 나왔다. 큰 짐은 내가 겨우 멨으나 보조 가방은 미국 청년 콜트가 메 주었다. 알베르게가 문을 열 때까지 콜트, 캘러핸과 함께 공원에서 말씀과 기도로 시간을 보냈다. 내가 가지고 간 비닐로 그들의 깔개도 해 주고 한국에서 가져온 선물도 하나씩 주었더니 매우 기뻐한다. 이들도 이곳에서 함께 하루 더 묵는다고 하니 다행이다. 시편을 읽는데 그전에는 이해가 안 되었던 말씀들이 쏙쏙 들어온다. 내 처지가 너무 딱하기 때문이다. 한 말씀을 택하고 나니 걱정이 조금씩 줄어든다. 산책도 하고 공원을 오가는 사람들의 모습도 보고 하면서 마음이 편안해졌다. 어쩌면 여기서 한국인들을 다시 만나게 될 것 같다.

미국 청년들을 따라 어디로 가는지도 모르면서 슬슬 움직였다. 조금 걸으니 예전에 내가 왔던 주교좌성당대성당, catedral이 보이고 근처에 무니시팔공립 알베르게, albergue municipal이 보인다. 그런데 뜻밖에도 알베르게 앞에 론세스바예스에서 나를 도와주었던 대구에서 온 한국인

아버지께서 저를 사랑하신 그 사랑이 그들 안에 있고 저도 그들 안에 있게 하려는 것입니다. (요한 17,26)

들이 서 있다. 그들도 놀라고 나도 너무 반가워 큰 소리로 인사를 했다. 그러고는 이 미국인들에게 감사 인사를 좀 전해 달라고 그들에게 부탁했다. 함께 사진을 찍으며 콜트와 캘러핸은 내가 준 선물을 매달고 즐거워했다.

무니시팔에 짐을 풀고 혼자 나가서 점심을 먹고 왔는데, 대구 팀이 밖에 나가서 라면을 사 왔다. 배가 불렀지만 그들과 잠시라도 어울리고 싶어 함께 먹었다. 나는 한국에서 올 때 유심을 깔지 않았기에 카카오톡과 인터넷이 불안하여 지난번 병원에서 의사소통이 안 되어 얼마나 혼이 났는지 모른다. 그런데 오늘 제법 큰 도시인 팜플로나에서 한국인들을 만났기에 함께 나가서 20유로에 유심도 깔고 ATM에서 돈도 찾고 시내를 둘러보기도 했다. 감사의 답례로 맥도널드에 가서 시원한 주스와 햄버거를 대접했다. 아침까지만 해도 몹시 불안하다가 공원에서 시편을 읽고 묵주 기도 바치고서 좀 나아졌는데, 말이 통하는 한국인들을 만나 여러 문제를 한꺼번에 해결하고 나니 한결 편안하고 마음에 여유가 생겼다. 이제 좀 안심이 된다. 오늘의 말씀처럼 주님께서 나를 사랑하시는 그 사랑이 이들 한국인, 미국인 천사들에

팜플로나 시내 거리

게도 있어 그들로 하여금 아무 조건 없이 나를 도와주게 하신 것 같다.

동생들에게는 다쳤다는 얘기는 하지 않고 걱정하지 말라는 메시지만 보냈다. 본당 수녀님께는 사실을 알리는 문자를 보냈다. 약을 시간 맞추어 계속 먹었더니 지금은 숨을 쉴 때만 약간 아프다. 낮에 젊은이들과 시내를 한 바퀴 돌고 왔더니 이제 내가 해야 할 일이 무엇인지 감이 잡히기 시작한다. 이번 순례 동안 주님께서는 나에게 무엇을 주시려고 그러는지 평소라면 도저히 경험해 볼 수 없는 것들을 경험하게 해 주셨다. 오리송에서 넘어져 얼굴도 깨지고 입술도 터지고 가슴도 아프지만, 불행 중 다행으로 다리나 팔이 부러지지 않았고 갈비뼈도 부러지지 않았다. 그래서 걸을 수는 있다. 또, 다치는 바람에 며칠간 걷지 않아서 지금 별로 피곤하지도 않다. 여기서부터는 혼자서 갈 수 있을 것 같다.

나는 그냥 걷는 게 목적이 아니라, 매일 말씀을 묵상하고 기도를 바치며 가야 한다. 매 순간 주님의 도움이 없이는 한 발자국도 나갈 수 없는 몸이고, 한국으로는 길을 몰라서도 돌아갈 수가 없다. 산티아고까지는 가야만 한다. 어쨌든 가야만 한다. 오늘도 내일도 그다음 날도 나는 가야만 하리. 오늘 밤 잠을 자 보고 괜찮으면 배낭은 택배로 보내고 시수르 메노르 Cizur Menor 까지 5km를 걸어가 볼 작정이다. 매일 말씀과 묵상 글은 써야 하기에 내일 아침엔 카메라와 성경만 들고 떠나야겠다. 내가 만일 그동안 아무 일도 없었다면 이토록 절절히 주님을 찾았을까? 이제부터는 영적인 글을 제대로 쓸 수 있을 것 같다. 주님, 감사합니다! ✝

11 다시 시작하다
팜플로나 – 시수르 메노르(거리 5km)

오늘도 겨우 일어나긴 했는데 그래도 어제보다는 조금 나은 것 같다. 새벽같이 일어나 먼저 출발하는 대구 팀을 보내고 알베르게 안내대에서 큰 짐을 시수르 메노르Cizur Menor까지만 부쳤다. 나는 콜트, 캘러핸과 함께 걷기로 했다. 혼자서 길을 나서 본 일도 없을뿐더러 아직은 짐을 전부 지고 가는 것이 무리이기 때문이다. 나오면서 어제 미리 준비해 둔 아침을 그들과 나누어 먹었다. 사진을 찍으며 걷다 보니 자꾸 뒤처졌지만 다행히 청년들이 내 보조에 맞추어 줘서 따라 걸을 수는 있었다. 쉬엄쉬엄 5km가 금방이었다. 채 10시도 안 되어 시수르 메노르에 도착했다. 걸은 시간이 2시간도 안 되는 것 같다. 알베르게가 문을 여는 12시까지 바깥에서 기다려야 했다.

거기서 아주 아쉬워하면서 미국 청년들과 작별했다. 사실 오늘 아침에 일어나니 그들이 손수 쓴 편지에다 1달러를 동봉하여 나에게 건네주며 포옹까지 해 주었다. 나의 긍정적인 모습이 아픈 자기에게 많은 희망을 주었다고…. 아플 때 함께 있어 주어 너무 감사했다고…. 편지도 너무 예쁘게 써 놓았다. 내가 영어만 좀 능숙했어도 이들의 대화 상대가 되어 주었을 텐데…. 전혀 그렇지 못해서 아주 답답했지

용기를 내어라. 내가 세상을 이겼다. (요한 16,33)

만 이미 마음으로 다 알아들은 것 같다. 내가 오히려 그들에게 도움을 많이 받았는데, 캘러핸은 자기가 아플 때 옆에 다른 아픈 사람이 함께 있어 다행이라고 생각했던 모양이다. 너무 이쁜 청년들이다. 어디선가 또 만나면 좋겠다. 같은 길을 걷고 있으니 앞서거니 뒤서거니 아마 또 만날 것이다.

이제 다시 혼자다. 아무도 없다. 지금까지는 계속 위기 때마다 누군가가 나타났다. 이제는 혼자서 가야만 한다. 길가에 피어 있는 아름다운 야생화와 예쁜 양귀비들이 나를 반겨 준다. 주님께서 나에게 허락한 이 길을 자연과 속삭이며 계속 가야만 한다. 그런데 미국 청년들과 헤어지고 나서 어제 알베르게에서 잠깐 보았던 부산 부부 팀을 우연히 다시 만났다. 남편은 수학 교수라는데 고혈압으로 쓰러져 말이 어눌했다. 남편이 이 길을 가자고 하여 부인이 뒷바라지하면서 동행하는 중이란다. 그것도 채식만 하면서 말이다. 카페에 앉아서 한참 얘기하다가 그들은 갈 길이 멀다며 일어섰다. 이제는 정말 혼자다.

이곳의 알베르게는 시설이 너무 좋다. 마치 별장 같은 느낌이다. 조금 넓은 곳을 잡았더니 공간이 아주 넉넉하고 자유롭다. 알베르게

시수르 메노르 가는 길

시수르 메노르 알베르게

카미노 표지석

의 이름이 내가 알고 있던 것과 달랐지만 다행히 내 배낭은 잘 도착해 있었다. 그런데 오늘 이곳은 옛날에 내가 왔던 시수르 메노르는 아닌 것 같다. 어제 다행히 유심을 갈아 끼우고 유로까지 찾아 놓아서 안심은 되지만, 혼자 앉아 있으니 괜스레 마음이 울적해진다. 내일이 주일이라 상점이 문을 닫을 것 같아 옛날 생각이 나면서 괜히 불안해지기도 한다. 예전에 아무 정보도 없이 지인을 따라나서 산티아고길 순례를 왔을 때, 그가 중간에 나를 혼자 남겨 두고 간 날도 오늘처럼 토요일이었다. 그가 주고 간 비상식량 외에는 아무 음식도 준비하지 않아 그다음 날 일요일에 온종일 굶다시피 하면서 아스토르가Astorga까지 걸어갔던 기억이 난다. 내일을 위해 슈퍼에 들러 빵과 과일을 좀 샀다.

아직도 내가 용서하지 못하고 움켜쥐고 있는 것이 많은 것 같으니 다 내려놓고 가고 싶다. 이제 주님께서 계속 용기를 내라고 하신다. 내가 세상을 이겼다고 하신다. 가슴은 여전히 아프다. 잠깐 누웠다 일어나니 처음 보는 한국 청년들이 내 눈앞에 나타났다. 순례를 하다 보니 의외로 한국인 순례객을 많이 만난다. 그중에도 젊은이들이 많이 눈에 띈다. 말이 통한다는 것만으로도 이렇게 행복한 일인데, 그동안 일없이 어둠 속에 빠져 있었구나. 이제부터는 짐을 좀 멀리 보내고 나도 걸을 수 있는 만큼은 걸을 생각이다. 내일은 이곳에서 출발하여 페르돈 고개Alto del Perdón를 넘어 푸엔테 라 레이나Puente la Reina

를 거쳐 에스테야Estella까지 갈 작정이다. 산티아고 순례길의 짐 부치는 요금은 통상 한 구간에 5유로인데, 내일은 두 구간 거리를 부치니 10유로라고 한다. 그리고 내일은 주일이니 어디서건 미사를 볼 수 있어야 한다. 걷다가 성당이 보이면 미사에 참례하고, 나머지 거리는 버스를 탈 생각이다.

저녁에 숙소에서 또 다른 한국인들을 만나 각자 준비해 온 재료들로 함께 저녁 식사를 했다. 부부 한 팀과 그들이 순례길에서 만났다는 중년의 남자분과 현숙이라는 아가씨였다. 오리송에서 나를 도와주었던 의사 모자가 마침 근처 호텔에서 묵고 있다가 부부 팀의 초대로 동석했다. 부부는 한국에서 가져온 식재료로 짜장밥을 만들었고, 중년 남자분은 포도주를 사 왔다. 포도주를 아주 좋아하여 순례 중에 만나는 모든 스페인 포도주를 다 마셔 볼 작정이란다. 현숙 양은 팜플로나에서 샀다는 라면을 꺼냈고, 의사 모자 팀은 후식으로 과일을 사 왔다. 메뉴도 푸짐한 데다 이국땅에서 순례라는 같은 목적으로 만난 한국인들이 함께한 자리라 즐거운 만찬이었다. 나는 내일 간식으로 먹을 달걀을 삶아 그들과 나누었다.

다친 후로 오늘 처음 먼 거리를 걸었던 터라 몹시 피곤했지만 약을 시간에 맞춰 먹어야 하기에 12시까지 성경을 읽었다. 어느덧 한국을 떠나온 지 10일이 지났다. 이제는 마음을 우울하게 가질 것도 없고 주님께서 이끄시는 대로 나아갈 것이다. 두려워하고 불안해할 필요도 없다. 오직 주님께만 매달리며 갈 것이다. 이 길은 누구에게나 주님께서 이끌어 주시는 길이기 때문이다. 아직은 길을 모르고 혼자서 헤매는 일이 많아 돈이 많이 깨진다. 그러나 내가 어디에 가서 이런 귀중한 체험을 할 수 있겠는가? 후회 말고 자연과 충실히 즐기다 가리라. ✝

12 드디어 혼자서 걷기 시작하다
시수르 메노르 – 푸엔테 라 레이나 – 에스테야(거리 41.7km)

밤에 물을 많이 마시니까 화장실에 두 번이나 간다. 여전히 일어나기가 몹시 괴롭다. 새벽에 일어나니 어제 함께 저녁을 먹었던 한국인들이 남은 밥으로 죽을 끓였다며 먹어 보라 권한다. 대문까지 나를 데려다주고 그들은 떠났다. 아침에 출발할 때 본당 수녀님과 큰동생에게 혹시 걱정할까 봐 전화를 했다. 여행자 보험금 문제 때문에 동생에게 처음으로 다친 얘기도 했다. 다친 후 처음으로 혼자 나서는 길이다. 짐은 미리 부쳤기에 차림은 단출하다. 푸엔테 라 레이나Puente la Reina까지는 걷고 거기서 에스테야Estella까지는 버스를 탈 것이다. 시수르 메노르에서 푸엔테 라 레이나로 가려면 페르돈 고개를 넘어야 하는데, 6년 전 순례 때 봤던 페르돈perdón, 용서·자비·사면 작품들이 있던 곳을 한 번 더 찾아가 보고 싶었다.

멀리서 쳐다보니 고개의 능선을 따라 풍력 발전기들이 줄지어 서 있어 장관이다. 페르돈으로 올라가는 도중에 순례길에서 돌아가신 분의 사진과 조가비가 있기에 그 앞에서 잠깐 기도했다. 나도 자칫했으면 순례를 시작도 못 해 보고 오리송에서 죽을 뻔했는데, 주님께서 또 한 번 나를 살려 주셔서 이 길을 걷고 있다. 페르돈에서 한참을 기

내가 세상 끝 날까지
언제나 너희와 함께 있겠다. (마태오 28,20)

도하고 싶었다. 내가 아직도 용서하지 못하거나 미워하고 있는 사람이 있다면 이번 순례를 통해 깊이 회개하고 싶었다.

20km 정도를 걸어서 푸엔테 라 레이나에 도착했다. 거기서 버스 타는 곳을 몰라 헤매며 묻고 있는데, 몸이 불편해 보이는 어떤 자매가 나를 보더니 자기를 따라오라고 한다. 내 말을 알아들었을까? 의심스러워 가지 않겠다고 해도 자꾸 따라오라면서 앞장서 가는데, 나중에 알고 보니 정말 내가 너무도 엉뚱한 곳에서 버스를 기다리고 있었다. 그 자매는 버스 시간을 가르쳐 주고 사라졌는데, 나는 계속 의심이 되어 이 사람 저 사람에게 자꾸 물어보며 기다렸다. 버스 시간은 알 수 없고 금방 차가 올 것만 같아 불안해서 자리를 뜰 수도 없고 2시부터 5시까지 땡볕에서 아무것도 먹지 못하

푸엔테 라 레이나 안내 표지판

페르돈 언덕에서

고 앉아 있었다. 정말 우여곡절 끝에 에스테야로 가는 버스를 탈 수 있었다.

　버스에서 내려 알베르게를 물어 찾아갔더니 자리가 없다고 한다. 배낭을 미리 부쳐 두었기에 늦게라도 자리를 주겠지 하는 마음으로 간 것인데 낭패다. 걱정이 되어 한국인들을 찾으러 이리저리 왔다 갔다 하는데 눈에 띄지 않는다. 그런데 마침 주인 남자가 다른 알베르게를 알려 주고는 그곳에 내 자리를 겨우 마련해 주었다. 너무나 감사했다. 이곳은 도나티보donativo, 자선을 위한 기부 알베르게인데 일반 알베르게 숙박비보다 두 배를 드리긴 했지만, 어렵사리 구한 숙소라 그런지 더 많은 돈을 드리지 못해 미안했다.

오늘은 주일이라 꼭 미사를 봐야 하기에 하루 종일 신경이 쓰였다. 다행히 오후 8시에 성당에서 미사가 있었다. 미사에서도 혹시나 하고 한국인들을 찾았으나 없었다. 그런데 뜻밖에도 나를 도와주었던 미국인 청년들 콜트와 캘러핸을 또 만났다. 얼마나 반가웠는지 모른다. 그들은 바로 나의 천사들이기 때문이다. 론세스바예스에서 그들을 만나지 못했다면 나는 어떻게 됐을까? 볼수록 이쁜 청년들이다. 미사에서 그들을 위해 기도했다.

오리송 산장의 계단에서 넘어진 이후 오늘이 엿새째다. 아직 가슴이 아프다. 오늘 내가 너무 무리한 것 같다. 하루를 돌아보니 주님께서 세상 끝 날까지 나와 함께 있겠다 하신 말씀을 종일 잊지 않았다. 오늘도 주님께서 나와 함께하셨음을 느낀다. 지금 알베르게 밖에 나와 이 글을 쓰고 있는데 꽤 쌀쌀하다. 만일 방이 없었다면 나는 지금쯤 그 무거운 가방을 들고 얼마나 헤매고 있을까? 버스 타는 곳을 알려준 자매, 잠잘 곳을 마련해 준 알베르게 주인…. 곤경에 처할 때마다 주님의 천사가 나타나 나를 도와준다. 무엇보다 미사를 볼 수 있었다는 것이 최고의 행복이다. 며칠 사이에 많은 경험을 한 것 같다. 그래서 내일은 아예 로그로뇨Logroño까지 버스를 타고 가서 그곳에서 하루를 쉬고 싶다. ✝

13 길 위의 천사들
에스테야 2일차

아침에 일어나니 갑자기 비가 쏟아진다. '지금 집에 있다면 비를 감상하면서 편안히 잘 있을 텐데, 왜 자청해서 이런 고생을 하고 있을까?' 잠시 아주 이상한 기분에 사로잡혀 소용도 없는 자책을 했다. 본당 수녀님에게 카톡을 보냈더니 내가 너무 부럽다고 한다. 일상의 지루함을 견디지 못해 탈출했으니 그만한 대가는 치러야 하지 않을까? 좀 고생을 하더라도 많은 체험이 생겨 열매 맺는 복음 선포자가 될 수 있으면 좋겠다. 어제 꽤 많이 걸었더니 너무 피곤하고 가슴이 계속 아파서 오늘은 이동 없이 하루 더 이곳에 머물기로 했다. '8시면 나가 줘야 하는데 비는 오고 어디로 가지?' 걱정을 하고 있는데, 잠시 뒤 8시가 되니까 청소해야 한다며 다들 밖으로 나가라고 한다.

숙박한 알베르게에다 큰 배낭만 맡겨 두고 비옷을 입은 채 성당을 찾아갔다. 큰 문, 작은 문 다 닫혀 있어서 밖에서 서성이고 있으니 어떤 자매가 쪽문으로 나를 인도한다. '이곳에서 주님과 함께 머물러야겠다.' 추운데 밖에 있을 필요도 없고, 알베르게 걱정을 하지 않아도 되고, 아주 행복한 시간이었다. 아침의 말씀이 나를 편안하게 해 주

누구든지 나를 섬기면 아버지께서 그를 존중해 주실 것이다. (요한 12,26)

었다. 2시간 채 못 되게 성체 조배를 한 후 감사한 마음으로 성당을 나와 맡겨 둔 짐을 챙겨 어제 자리가 없어 퇴출당했던 알베르게에 갔더니 벌써부터 사람들이 들어오기 시작한다. 너나없이 빗길에 신발이 엉망진창이었다.

방을 확보해 놓은 다음 내일 버스 탈 곳을 확인하러 밖으로 나갔다. 혹시 길을 잃을까 봐 주변을 자세히 살폈다. 아직은 길도 몸도 모든 것이 익숙지 않다. 한참 돌아다니다 알베르게로 돌아왔는데, 그제 시수르 메노르에서 만났던 한국인들을 또 만났다. 짜장밥을 해 주었던 부부 팀과 포도주를 아주 좋아한다는 중년 남자분이었다. 그리고 처음 보는 청년 한 명도 있었다. 이들은 빗속을 걸어오며 달팽이를 잔뜩 주워 왔는데, 그것을 끓여 일일이 까서 양념으로 요리를 했다. 나는 닭다리를 사 와서 양념을 넣어 닭고기 스튜를 만들어 이들과 함께 저녁을 먹었다.

어제 버스 타는 곳을 몰라 길에서 3시간이나 헤맸는데, 오늘 여기서 한국인들을 만난 김에 산티아고에서 드골 공항 가는 비행기 표 사는 방법을 물어보았다. 한국 청년이 그런 나를 보고 너무 놀라 "이렇

산 페드로 데 라 루아 성당

게 정보가 없이 오시면 안 됩니다. 한국으로 어떻게 가시려고요?" 하며 걱정을 했다. 그러자 옆에 있던 다른 남자분이 "영어, 불어, 아무 것도 안 되니 알려드려도 어렵습니다." 하며 거들었다. 나는 속으로 '주님께서 천사들을 보내 주시어 내가 여기까지 온 것이다. 방법만 일러 주면 또 다른 천사들이 나타나 나에게 길을 알려 줄 것이다. 그러니 그것은 댁들이 걱정할 일이 아닐세.'라고 생각하며, 그들에게 "나는 걱정이 안 돼요."라고 했다. 그 청년은 계속 걱정을 하면서 연구를 해 보겠다고 하더니 '7월 5일 산티아고-마드리드 05:15-10:23 비행기, 7월 5일 마드리드-파리CDG 17:45-19:30 RENFE 기차'라고 상세히 적어 주었다. 나는 고마운 마음에 앞으로 계속 기도할 테니 이름을 적어 달라고 했다. 손주익이라는 그 청년은 아버지가 인도 주재원이라는데, 스무 살 어린 나이인데도 아주 예의 바르고 어른스러웠다.

이국땅에서 한국 사람을 만나 우리말을 할 수 있다는 것이 얼마나 행복한지…. 서로 잘 모르는 사이라도 물어볼 수 있다는 것만으로도 위안이 된다. 어쩌면 언어도 안 되면서 무슨 용기로 이렇게 나왔을까? 내가 생각해도 난 참 대책 없는 구석이 있다. 필시 주님께서 나를 부르신 이유가 있을 것이다. 밤에 잠을 자려는데 내일은 걷지 말고 버스 편으로 로그로뇨로 가라 하는 것 같은 생각이 들어 안심이 되었다. 당장 그 의미를 깨우치지 못할지라도 이번 순례의 체험을 통해 정말 좋은 묵상들이 많이 나오기를 바랄 뿐이다. ✝

에스테야의 산토 도밍고 수도원

Camino de Santiago

CHAPTER 2

다시
마음을 다잡고

14 버스를 타고 로그로뇨로
에스테야 – 로그로뇨(거리 50.5km)

아침에 일어나 다른 한국인들을 보내고 나는 혼자서 버스를 탔다. 오늘은 로그로뇨Logroño까지 간다. 6년 전 순례 때 나는 다리가 아파서 토레스 델 리오Torres del Rio에서 그곳까지 버스를 탔었고, 함께 순례를 갔던 J양은 그 거리를 걸어서 이동했었다. 아무것도 모르고 J를 따라 순례를 왔던 나로서는 혼자서 버스를 타는 것이 너무너무 두려웠었다. 조바심치며 로그로뇨에 도착하여 성 바르톨로메오 성당에서 묵상했던 그날의 기억이 떠오른다. 오늘 6년 만에 다시 그곳을 찾아가는 것이다. 오늘도 그때처럼 혼자지만 예전만큼 그렇게 두렵지는 않다.

에스테야에서 로그로뇨까지 1시간 버스로 오는 길에 순례자들에게 포도주와 물을 무료로 제공하는 그 유명한 이라체 수도원이 보였다. 아쉽지만 나는 버스로 간다. 지나온 산을 돌아보니 구름으로 가득 덮여 있다. 구름을 보니 안개 속을 걸어 오리송을 오를 때 생각이 났다. 덥지는 않았지만 온몸이 안개에 젖어 축축했었다. 다치는 바람에 피레네 산맥을 다 넘지는 못했지만 그날의 경험만으로도 아주 신비한 산이었다. 보통 다른 산에서 느끼는 것과는 다른 아주 묘한 느

이들을 진리로 거룩하게 해 주십시오. 아버지의 말씀이 진리입니다. (요한 17,17)

낌이 들었었다. 만약 내가 다치지 않고 다음 날 무사히 그 산을 넘었다면 해냈다는 자만감에 빠져 내 본모습을 전혀 보지 못했으리라. 그 뒤 날마다 나의 처절함을 목도하면서 주님을 갈구하며 조금씩 움직이고 있으니, 어쩌면 다친 것이 이번 순례의 깊이를 더하는 축복일 수도 있겠다는 생각이 든다.

오늘은 버스로 이동하는지라 짐을 따로 부치지 않고 전부 메고 나왔는데 무게가 정말 만만치 않았다. 혼자 버스를 타는 것이 살짝 불안했지만, 마침 반가운 미국 청년들이 나와 같은 버스를 타서 다소 안심이 되었다. 콜트는 걸어가고 캘러핸은 여전히 다리가 회복되지 않아 다른 친구와 함께 버스를 탔단다. 로그로뇨에 도착하여 버스에서 내려 알베르게까지 배낭을 메고 걸어가는데, 짐이 무거워 발목이 아픈 데다 캘러핸 일행의 속도가 빨라 따라 걷기가 너무 힘들었다. 도중에 성당을 만났는데 지난번 순례 때 들렀던 성 바르톨로메오 성당은 아닌 것 같았다. 함께 오던 그들을 먼저 보내고 나는 성당으로 들어갔다. 알아보니 산타 마리아 데 라 레돈다 대성당이다. 오전 10시쯤이었는데 마침 미사가 있어 행복했다. 그 큰 성당이 텅 비어 있고 조그맣게 모여 겨우 미사를 올리고 있다. 성모님이 가운데 모셔져 있고 한쪽 옆에 예수님이 모셔져 있는데, 이곳 스페인 사람들은 십자가에 깊이 입 맞추고 정말 정성스럽게 기도를 한다. 갈 길은 모르지만, 이제는 두렵지가 않았다.

미사 후에 겨우 알베르게를 찾아 놓고 바bar에 가서 간단하게 빵과 커피로 식사를 했다. 시간이 되어 알베르게로 왔더니 곧 콜트와 캘러핸도 들어왔고 새로운 한국인 자매도 만났다. 그녀는 피레네 산맥을 거의 내려와서 넘어져 무릎이 완전히 찢어졌다고 한다. 남의 배낭을 대신 져 주고도 힘이 남아 뛰다시피 내려오다가 미끄러졌단다. 팜플로나의 병원 응급실로 실려 가서 새벽까지 수술을 받고는 잘 곳이 없었는데, 마침 식사하러 들어간 레스토랑 주인이 사정 얘기를 듣고 자기 집에서 재워 주었다고 한다. 그런데 수술까지 받고도 병원비가 220유로밖에 안 나왔다기에 다소 놀라웠다. X-ray 찍고 하룻밤 입원한 나는 1,400유로였는데 왜 이렇게 차이가 나는 것일까? 서로 같은 처지의 얘기를 나누다 보니 마음이 훨씬 가벼워졌다. 그녀가 점심을 한국식으로 먹고 싶다며 밥을 해서 같이 먹자고 했다. 어제처럼 닭고기 스튜를 만들어 즐거운 대화를 나누며 맛있게 먹었다. 그녀는 귀국 날짜가 얼마 남지 않아 바로 사리아Sarria로 가서 나머지 일정을 채울 거란다. 자정쯤 기차를 타러 간다고 한다. 모두 나름의 정보를 가지고 움직이는데 나만 이렇게 대책 없이 왔다가 초장부터 다쳐서 정말 꼴이 말이 아니라는 생각이 들었다.

아침에 미사를 본 성당에서 저녁에도 성체 조배를 할 수 있어 참 좋았다. 순례 중에 이처럼 문이 열려 있는 성당을 만나면 너무나 반갑다. 그런데 숙소에서 배정받은 자리가 침대 2층이라 오르내리는 데

너무 힘이 들어 가슴이 더
아프다. 하지만 내일부터
는 다시 조금씩 걸어야겠
다.

오늘로써 14일째, 어려
운 경험은 다 한 것 같다.
이제부터 매일 조금씩 걸
으면 될 것 같다. 아버지의
말씀이 진리이니 말씀으로
거룩하게 해 달라고 오늘
도 기도한다. 지금까지 나
를 도와주었던 많은 천사들
을 위해 기도하리라. 성경
을 펼쳐 바오로의 선교 여

산타 마리아 데 팔라시오 성당

행을 읽으면서 그 감이 조금씩 느껴진다. 나도 이번 순례는 주님께
감사드리는 순례가 되기를 간절히 원한다. 지금까지 여기에 올 수 있
었던 은혜에 정말 감사한다. 내일부터는 진정 순례의 길에 나서게 된
다. 이제는 할 수 있을 것 같다. ✝

산타 마리아 데 라 레돈다 성당

15 다시 마음을 다잡고 일어서다

로그로뇨 – 나바레떼(거리 13km)

오늘 소화할 일정은 13km인데 코스가 짧으니 어쨌든 한번 걸어 보자 생각하고 새벽 일찍 아침을 챙겨 먹은 후 남들이 길을 나설 때 나도 짐을 꾸려 나왔다. 짐이 너무 무거워 도저히 메기가 어렵다. 내 짐은 남자들이 들어도 무거워하니까 내가 메기에는 많은 무리가 있다. 배낭 뒤에 짐을 나누어 달았더니 덜렁거려서 더 거추장스럽다. 도시를 빠져나오는 데만도 시간이 오래 걸렸다. 벤치에 앉아서 식량 짐이라도 좀 줄이기 위해 먹어 보았지만 별 차이가 없다. 도중에 바가 하나도 없어 마땅히 쉴 곳도 차를 마실 곳도 없다.

오늘따라 가슴은 왜 이리도 아픈지 숨을 쉴 때마다 견딜 수 없을 정도다. 그래도 참고 걸어야 한다. 걸으며 묵상해야 한다. 내가 여기 온 이유가 무엇일까? 나는 이 질문에 대한 답을 찾아야 한다. 이제 한국에 있는 동생들이나 수녀님이 걱정하는 것은 문제가 아니다. 내가 여기 왜 왔는지, 순례의 이유와 목적을 깊이 묵상해 보아야 한다. 단순히 내가 순례를 맘먹은 동기가 아니라 주님께서 나를 이리로 부르신 뜻을 깨우쳐야 한다. 다들 나름의 목표를 가지고 이 길을 걷고 있겠지. 어쩌면 다 걷고 난 뒤에도 답은 안 보일 수 있다. 어쨌든 남

마음속 생각이 교만한 자들은 흩으셨습니다. (루카 1,51)

은 순례 기간 동안 충분히 묵상이 되면 좋겠다.

오늘은 성모님 봉헌일이다. 성모님과 엘리사벳 성녀세례자 요한의 어머니의 만남을 묵상하면서 참으로 기막힌 그 만남이 우리의 어떤 어려움도 해결해 줄 수 있을 것 같은 믿음이 생겼다. 나이 어린 소녀의 성령으로 인한 임신과 나이 많은 석녀石女, 아이를 낳지 못하는 여자의 임신에 담긴 주님의 깊은 뜻을, 세상 사람들은 아무도 몰라도 그들은 서로 알고 있었으니 말이다. 오늘 묵상 말씀이 '마음속 생각이 교만한 자들을 흩으셨습니다.'인데, 덕분에 그동안 내 마음에 자리 잡고 있었던 수많은 교만 덩어리들을 볼 수 있었다. 나는 그동안 내 마음이 얼마나 교만했던가를 깊이 헤아리지 못하고 살았다. 아무것도 아니면서 교만이 똬리를 틀고 있었다. 그런데 피레네 산에서 넘어질 때 그 교만 덩어리들도 함께 박살이 난 것 같았다. 나는 주님께 살려 달라고 울부짖었었다. 본당을 떠나온 지도 보름째다. 이제 내 존재는 보이지 않을 것이다. 눈에 안 보이면 사람은 금방 잊히는 것이다. 서로 미워하고 외면하고 할 필요가 없는 것이다. 내가 없어도 그 자리는 누군가 다른 사람들이 다 채운다.

걸어오는 길에 백조 두 마리가 저들이 낳은 새끼들을 돌보고 있는 모습이 너무 귀여워 보였다. 아주 큰 청설모가 길 한가운데를 여유롭게 다니고 있어도 사진 하나 제대로 찍지 못했다. 그동안 계속 아팠기에 자연을 제대로 볼 여유가 없었다. 오늘도 짐이 너무 무거워 거기에 신경을 쓰느라 제대로 경치 감상도 못하고 사진도 못 찍고 왔다. 오면서 만난 젊은이들에게 내가 넘지 못한 피레네 산맥의 나머지 부분들을 찍은 사진이 있으면 좀 보여 달라고 했더니, 어떤 청년이 "산맥을 넘어오는 게 너무 힘이 들어 사진을 제대로 못 찍었어요." 한다. 나는 그 말에 깊이 공감이 되었다. 나도 늘 카메라는 메고 다녔지만, 막상 너무 힘이 들어 아무것도 할 생각이 나지 않았다. 남들은 지금쯤이면 겪을 것은 다 겪고 이제 제 페이스대로 가면 되는데, 나는 아직도 아픔과 씨름을 하고 있으니 말이다.

그럼에도 자연 속을 걷고 있다는 것이 너무 행복했다. 어릴 때 시골 큰집에 가면 길가에 피어 있던 야생화들과 논에 심겨 있던 벼들이 머릿속에 스쳤다. 예전에 내가 이 길을 걸었을 때는 막 밀밭 추수를 끝낸 시기여서 온 들판이 누런색으로 변해 있었다. 인생의 황혼기랄까? 가을 들판만이 주는 색다른 느낌이 있었다. 그런데 지금은 밀이 자라는 시기라 눈앞이 온통 녹색이어서 훨씬 생동감을 준다. 더군다나 아름다운 야생화들이 종류별로 피어 있어 마치 꽃밭에 온 느낌이다. 초록색 밀밭에 빨간색 양귀비들은 서로 대비되는 색깔로 시원한 청량감을 주면서 아름답기 그지없다. 묘한 감정을 주는 두 계절을 나는 이 길을 걸으면서 체험하고 있다. 나도 이제 순례를 마치고 집으로 돌아가면 조용한 시골로 가서 살 것인지 한번 생각해 보아야겠다. 자연이 주는 그런 여유로움을 누리고 싶어서다. 이제 내일부터는 온전히 자연을 즐기면서 걸을 것이다.

아주 힘들게 나바레떼Navarrete에 도착하니 한국 청년이 보이길래 너무나 반가워 말을 붙였다. 그런데 거의 접근하지 말라는 투로 "예.", "아니오." 정도로만 짧게 대답한다. 나도 애써 말을 걸지 않고 그렇구나 하고 있는데, 마침 시수르 메노르에서 만났던 현숙 양이 올라온다. 다시 만나니 너무 반가웠다. 잠시 뒤 그녀와 둘이서 성당을 둘러보기 위해 나가 보니, 아까 보았던 그 청년이 어느새 외국 청년들과 어울려 웃음을 지어 가며 영어로 열심히 얘기를 나누고 있다. 나를 대하던 태도와는 사뭇 달라 보여 잠시 어리둥절했다. 그는 같은 한국인끼리 만나는 것을 아주 싫어하는 것 같았다. 본인도 미안했던지 나중에 나에게 와서 가벼운 인사를 한다. 그때 한마디 타일러 주고 싶었지만 같은 순례객인데 무슨 사연이 있겠지 하고 그냥 좋게 넘어갔다. 아침에 걸어오면서부터 '교만'이라는 단어에 대해서 계속 생각했는데 이유가 있으리라. 어쩌면 그의 그런 모습을 통해 나 자신을 살피게 하려는 주님의 뜻인지도 모른다. 나는 사람들을 차별 없이 사랑으로 대하고 있는지, 제 눈의 들보는 못 보고 남의 작은 흠만 탓하고 있는 건 아닌지…. 경계하고 자성할 일이다.

현숙 양과 점심, 저녁을 함께 먹고 그녀의 도움으로 산티아고 가는 길 안내 앱도 하나 폰에 다운받았다. 지금까지는 어려울 때 나를 도와주었던 사람들을 계속 다시 만날 수 있었다. 그들은 꾸준히 빠르게 걷고 나는 걷다가 버스로 이동하다가 너무 힘들면 쉬다 하니까 전체적으로 이동 속도가 비슷했기 때문이다. 이제 내일부터는 더 천천히 걸을 예정이라 아마 많이 처져서 그들을 다시 보기는 어려울 것이다. 이제 내 페이스에 맞게 움직이며 더욱더 깊이 묵상할 수 있을 것 같다. 내일을 기다리며 일찍 잠자리에 들었다. ✝

길 위의 십자가들

위 _ 해바라기가 핀 가을 들판
아래 _ 양귀비와 야생화가 피어난 봄 들판

16 하나 되게 하소서
나바레떼 – 벤토사(거리 6.8km)

아침에는 혼자서 나와 보았다. 어제 그 청년은 저녁에도 어디로 갔는지 보이지 않더니 살짝 들어와 잠만 자고 새벽같이 떠나고 없었다. 걸어오는 길에 정말 아무 데도 들어가 쉴 만한 곳이 없었다. 그래도 오늘은 카메라를 들고 오면서 사진을 찍기도 하였다. 들판의 풍경이 너무 아름다웠다. 봄이 주는 느낌과 가을이 주는 느낌은 너무 다르다. 봄은 저절로 생동감을 준다. 푸른 밀밭을 보면서 걷는 느낌과 이미 수확을 하고 난 뒤의 텅 빈 밀밭을 보는 느낌은 엄청 다르다. 특히 각양각색의 꽃들과 그 위에 앉은 나비들은 서로 어우러져 생명의 찬란함을 뽐낸다. 몸만 아프지 않으면 이 아름다운 자연을 맘껏 감상하고 갈 텐데….

힘겹게 벤토사Ventosa 마을로 들어오니 그제야 레스토랑이 보인다. 더 이상 걸을 기운도 없어 얼른 들어가 자리에 앉았다. 근처에 알베르게와 이글레시아iglesia, 소성당도 있었다. 배낭을 레스토랑에 맡겨 두고 언덕 위의 성당에 갔더니 미사가 없다. 잠시 혼자 앉아 묵상을 하다가 내려왔다. 레스토랑에 앉아 빵을 곁들여 커피를 마시며 성경을 보다가 일찍 알베르게 앞으로 가서 문이 열리기를 기다렸다. 빨리 들

우리가 하나인 것처럼
그들도 하나가 되게 하려는 것입니다. (요한 17,22)

어가 자리 걱정 없이 짐을 풀고 쉬고 싶었다.

그때 오리송과 시수르 메노르에서 만났던 의사 자매 모자를 또 만났다. 아들이 허리가 아파 짐 하나는 택배로 부치고 작은 짐만 지고 로그로뇨에서부터 20km를 걸어왔단다. 그 자매는 나를 보자 놀라면서 어떻게 왔느냐고 묻는다. 내가 어떻게 다쳤는지 잘 알고 있었기 때문이다. 나는 어제와 오늘 짐을 지고 걸었는데 아직도 가슴은 아프다고 대답했다. 점심은 어떻게 했냐고 물으니 자기들은 앞에서 맛있는 점심을 먹고 왔다고 한다. 부근에 슈퍼가 안 보여 나는 할 수 없이 점심을 먹으러 마을 입구에 있는 레스토랑으로 다시 가야 했다. 혼자서 먹고 오겠다 하고 갔더니 메뉴는 별로인데 10유로였다. 그런데 알베르게로 돌아와 샤워와 빨래를 하고 나오니 그제야 그들 모자가 점심을 먹으려고 준비를 하고 있었다. 속으로 또 '교만'이라는 단어가 스친다. 한국에서 '의사'라면 상당히 상류층이고 모든 면에서 뭔가 다를 줄 알았는데 별반 다를 게 없다는 생각이 든다. 나도 자리를 피해 주었다. '저녁도 부담 없이 따로 먹어야겠다.'

오리송에서 다쳤을 때 내 상태를 봐 주고 한밤중에 통역을 해 주어

순례길 봄 풍경

가을에 걷는 순례길

내가 병원까지 가는 데 도움을 주었던 자매라 그 후로 항상 고맙다는 생각을 했었다. 그런데 조금 전의 일로 인해 나뿐 아니라 그들에게서도 '교만'이라는 단어를 많이 묵상하게 되었다. 그래서 오늘 주님께서 '하나가 되게 하려는 것이다.'라는 말씀을 주셨나 보다. 그동안 미처 못 보고 있던 나의 감추어진 모습을 그들을 통해 보여 주려 하셨나 보다. 주님의 말씀에 의지하여 끝까지 완주할 것이다. 나는 도저히 멜 수 없다고 생각한 이 배낭을 여기까지 메고 올 수 있도록 해 주신 주님께 정말 감사드린다. 그리고 내가 배낭을 다시 멜 수 있게 된 데는 사실 처음에 그 자매의 도움이 컸었다. 그녀는 저번에는 나를 도와준 천사였다가 오늘은 나의 내면을 들여다볼 수 있게 해 준 반면교사였다. 이 모든 것이 주님의 계획이라면 그 또한 감사요 축복이다.

어제는 샤워 시설이 후져서 찬물에다가 그마저도 잘 나오지 않아 힘들었는데, 오늘은 샤워하기도 빨래 널기도 너무 좋다. 주변에 슈퍼마켓이 없어 좀 아쉽긴 하지만 다행히 알베르게 안에 가게가 있으니 여기서 채소와 쌀로 저녁을 지어 먹어야겠다고 생각했다. 알베르게에서 좀 쉬다가 느지막이 성당으로 올라갔다. 기도나 미사를 드리려고 두 번이나 가 봤으나 아쉽게도 문이 굳게 잠겨 있었다. 성당이 문을 안 연다는 것은 기도하는 신자가 없다는 뜻인가? 주변이 조용하고 경치가 너무나 아름다워 묵상하기에 아주 좋은 장소였다. 지금까지 몸이 아픈 관계로 버스 편을 이용하느라 큰 도시 쪽으로 다녀서 좀 시끌벅적했다면, 그에 비해 이곳은 내면의 울림에 귀 기울이며 몸과 마음을 쉴 수도 있고 주님의 품에 안겨 기도하기에도 정말 좋은 곳이었다.

저녁에는 의사 자매가 자기가 만든 스파게티를 함께 먹자고 한다.

산티아고길의 상징인 조가비들

잠시 그들과 대화를 나누었다. 아들은 이미 결혼을 했는데 아내의 배려로 엄마와 함께 순례를 왔단다. 참 보기 좋은 모자 관계다. 그들은 또 나에게 베네딕도 수도회 사제가 있는 라바날 델 카미노Rabanal del Camino, 이하 라바날의 주소를 가르쳐 주었다. 저녁을 같이 먹자는 호의가 고마웠지만 나는 알베르게 안에 있는 조그만 가게에서 간단하게 사 먹었다. 근방에 슈퍼가 없어 무엇을 만들 수도 없었고 남을 대접할 처지도 못 되었기 때문이다. 그래도 마음은 훈훈했다. 아마도 주님께서 어떠한 경우라도 좋게 보아 하나가 되라고 하시는 것 같다. 오늘도 말씀으로 나를 이끌어 주시는 주님, 감사합니다. ✝

17 혼자 힘으로 배낭을 메다

벤토사 - 나헤라(거리 9.6km)

다친 지 10일 만에 오늘 내 배낭을 남의 도움을 받지 않고 스스로 멨다. 그것만 해도 대단한 발전이다. 어제까지만 해도 남의 도움 없이는 혼자서 배낭을 질 수조차 없었다. 의사 자매 모자는 새벽에 떠나고 없었다. 나는 조금 늦게 나왔는데 쓰고 다니던 모자가 없어졌다. 어디서 분실했는지 기억도 안 난다. 다행히 태양을 등지고 걸을 수 있었다. 출발할 때는 비까지 내렸는데 조금 걷다 보니 비가 멈췄다. 오늘은 '사랑'이라는 단어에 대해서 많이 생각하며 걸었다. '교만'과 대비되는 단어로 오늘은 어제의 상황과는 많이 다를 것이다. 왠지 그런 예감이 든다.

오는 길목 곳곳에 포도밭이 있는데 농부들의 일손이 아주 바빴다. 길가에 차를 세워 놓고 농장에서 일일이 포도 순을 따 주고 있다. 이곳 포도밭은 아주 나지막해서 앉아서도 포도를 얼마든지 딸 수 있게 되어 있다. 예전에 가을에 왔을 때는 포도가 너무 맛있게 익어서 몹시 먹고 싶었는데, 함께 순례에 나섰던 J양이 한국인의 이미지를 흐린다고 절대로 못 따 먹게 했었다. 그래서 군침만 삼킨 채 결국 못 먹었는데, 나중에 J는 나와 헤어져 외국인들과 함께 걸어오면서 그들이

제가 주님을 사랑하는 줄을 주님께서는 알고 계십니다. (요한 21,17)

먹기에 자기도 실컷 따 먹었다고 했었다. 순례객이 길가의 포도를 따 먹는 것이 양심의 시험대에 걸려든 것인지 주인의 묵시적 호의를 누린 것인지는 모르겠으나 결국 나만 기회를 놓쳤던 것이다. 아직은 포도가 익지도 않았는데 그 생각을 하니 공연히 군침이 돌았다.

오늘 묵는 나헤라Nájera의 알베르게는 도나티보로 운영되는 곳인데 사람들이 많이 모인다. 너무나 커서 마치 군대 막사 같다. 제일 먼저 도착했는데 피곤해서 잠이 막 쏟아졌다. 글을 쓰다가 눈을 뜰 수 없어 그대로 침대에 누웠더니 추울 정도다. 상점들이 2시부터 4시까지 문을 닫는다는 것을 잊고 자다가 일어나 뭘 좀 먹으려고 보니 가져온 게 아무것도 없다. 때마침 다른 한국인 모자 팀을 만났는데, 오리송 산장에서 자기소개 시간에 만난 적이 있어 구면이었다. 그들은 내가 다쳐서 병원에 실려 간 것을 처음부터 알았기에 환자가 여기까지 온 것을 보고 많이 놀란다. 자기 아들도 다리가 아파 호텔에서 쉬다가 왔다고 한다. 시에스타siesta, 낮잠 시간 전에 먼저 장을 보았는지 잠시 뒤 그들은 닭죽으로 식사를 한다. 나는 밖에 나가 한 바퀴 돌아봤지만 상점이 문을 닫아 당장 아무것도 먹을 게 없다. 그들에게 죽이 남아 있어 물었더니 내일 아침에 먹을 것이란다. 그들은 계속 먹고 있으면서도 한번 먹어 보란 소리가 없다. 그 순간 나는 너무 배가 고팠다. 같은 한국인끼리 그럴 수는 없다는 생각이 든다. 뭔가 사정이 있겠지…. 내일이면 그들도 달라질 것이다.

그때 고맙게도 한 이탈리아인이 파스타를 만들어 먹어 보란다. 덕분에 겨우 요기를 하고 밖으로 나가 정육점을 찾아 소고기를 샀다. 채소도 사려고 했지만 파는 곳을 찾지 못했다. 하지만 19유로에 예쁜 모자를 하나 구입해 기뻤다. 알베르게로 돌아오니 마침 다른 한국인 청년들이 막 식사를 하려는 참이라 고기를 구워서 모두 함께 먹었다. 대만 학생 2명과 한국 학생 2명이 짝을 이루어 다니는데 대만 학생이 요리를 아주 잘해서 금방 뚝딱 만들어 낸다. 요리에 자신이 없는 나로서는 부러울 따름이다. 여기는 포도가 주산물이라 식사 때마다 포도주가 나온다. 저녁이면 각 나라의 음식과 포도주로 만찬을 벌인다. 순례객 모두 포도주로 노정의 피로를 풀고 힘을 얻는 것 같다. 술을 마시면 금방 얼굴이 벌게지는 나도 이번 순례길에는 기회가 되면 한번 마셔 볼까 한다. 낮에 음식 인심이 박하던 것과는 달리 저녁엔 여러 나라 사람들이 모여 음식을 먹고 남으니 서로 먹으라고 권한다. 어떤 팀은 기어코 삶은 달걀 네 개를 나에게 주고 갔다.

식사 중에 한국 청년들과 잠깐 얘기를 해 보니 비행기 표 예약을 할 수 있을 것 같다고 한다. 이 무거운 노트북을 너무나 잘 가지고 와서 순례기를 기록하는 데 요긴하게 써먹고 있는데, 이번에는 이것 덕분에 비행기 예약까지 했다. 안동에서 왔다는 이범석 학생(25세)의 도움으로 산티아고에서 드골 공항까지 바로 가는 비행기 편을 예약하고 온라인으로 체크인까지 다 완료했다. 나는 이제 아무리 힘들어도 7월

6일까지는 천천히 걸어서 산티아고까지 완주해야만 한다. 매일 말씀과 함께 말이다.

아침에 동생들이 구글 번역기 활용을 잘하고 있냐고 묻길래 말이 별로 필요 없고 주님 말씀만 따라간다고 했었는데, 정말 생각지도 않게 파리로 가는 비행기 예약까지 완전히 끝냈다. 오늘따라 '사랑'이란 단어가 너무나도 실감 나게 다가온다.

나는 순례의 목적이 영어 공부도 아니고 사람들과 사귀려는 것도 아니다. 매일매일 오로지 말씀을 따라 움직일 뿐이다. 사람들이 어떤 행동을 하더라도 나는 그것을 평가하지 말고 사랑의 눈으로 바라보아야 한다. 오늘 말씀 중에 예수님께서는 배반을 밥 먹듯이 하는 베드로에게 "너는 나를 사랑하느냐?"고 세 번이나 물으셨다. 그러고는 "나를 따르라."고 하셨다. 나는 말도 통하지 않고 오직 말씀과 기도로 다녀야 하는데 성당 문이 잠겨 있는 경우가 많아 안타까울 따름이다. 어제 벤토사에서도 성당 문이 잠겨 있어 들어갈 수 없었는데, 이곳 나헤라의 왕립 산타 마리아 수도원 또한 문이 잠겨 있었다. 주님께 사랑을 바치며 하나 되게 해 달라고 기도하면서 지나칠 수밖에….

당뇨가 심한데 약을 끊은 지 보름이 넘는다. 갈증이 심하고 소변을 자주 본다. 사실 이번 순례에서는 많이 걸어서 당뇨병도 고치고 싶었는데, 예상치 못하게 초장부터 다쳐서 그 희망이 많이 꺾였다. 그러나 순례가 끝날 즈음이면 어떤 변화가 있으리라 예상을 해 본다. 홍사영 신부님이 쓰신 『산티아고 길의 마을과 성당』을 오리송에서, 그리고 오늘 나헤라에서 읽었다. 많은 도움이 될 것 같다. 이번 순례에서 나는 무엇을 남길 것인가? 무엇을 깨닫고 갈 것인가? 많이 궁금하다. 이제 내일부터는 조금 더 걸어 볼 생각이다. ✝

좌 _ 알베르게에서의 식사 시간
우 _ 군대 막사 같은 알베르게

비옷을 입고 걷는 순례자들

18 번개야, 천둥아, 주님을 찬미하여라
나헤라 – 산토 도밍고 데 라 칼사다(거리 21.3km)

오늘 아침의 말씀도 여전히 내 마음의 정곡을 찌른다. 어제 그제 이틀 동안 서로 다른 두 모자 팀을 보고서 속으로 많은 판단을 하고 있었는데, 오늘 주님의 말씀이 내 가슴에 울린다. "그것이 너와 무슨 상관이 있느냐?" 주님께서 베드로가 요한에 대해 묻자 "그것이 너와 무슨 상관이 있느냐? 너는 나를 따라라." 하셨는데, 오늘 나에게도 그 말씀을 주시는 것 같다. "그것을 네가 왜 알고 싶어 하느냐? 그들의 행동에 대해서 네가 왜 그리 신경을 쓰느냐? 너는 오직 나만 보고 따라라."

어젯밤에는 90명 정도는 수용할 것 같은 도나티보 알베르게에 머물렀다. 각국의 많은 사람들이 한데 모였으니 여러 가지 문화를 볼 수 있었다. 간밤에는 웬일인지 잠이 오지 않았다. 그래도 새벽에 남들이 조용히 움직일 때 나도 따라 일어나서 준비를 했다. 이제는 정말 작정하고 내 짐을 지고 걸어 보고 싶었다. 바깥에는 비가 몹시 쏟아진다. 모처럼 한번 제대로 걸어 보려고 마음을 먹었는데 웬 비가 이렇게 쏟아지는지…. 시수르 메노르에서 만났던 포도주 애호가 형제가 어제 했던 말이 생각났다. 순례를 시작한 지 10일쯤 되니 힘도 들

그것이 너와 무슨 상관이 있느냐?(요한 21,22)

고, 매일 똑같은 길을 걸으니 싫증도 나고, 함께 온 친구는 벌써 멀리까지 갔는데 자신은 자꾸 뒤처진다며 "내일은 버스를 타고 가야겠다."고 하길래, 그 순간 '나도 버스를 탈까?' 하는 생각이 잠시 스쳤었다. 그러나 곧 마음을 바꾸어 그 형제에게 나는 이렇게 대꾸했다. "버스는 더 힘든 곳에 가서 타고 여기서는 걷는 게 좋겠어요."라고.

그렇게 걷기로 맘을 정했는데 새벽부터 비가 엄청 내린다. 천둥 번개와 비바람이 그치지 않는다. 그런데도 너무 좋다. 만일 햇빛이 쨍쨍 났다면 아마 더 걷기 힘들었을 것이다. 오늘 가슴은 덜 아프고 발목이 몹시 아팠다. 그래도 하느님을 찬미하며 걸으니 천둥 번개가 무섭지 않았다. 이런 경험을 언제 해 보겠는가? 남의 일에 신경 쓰지 말

빗속을 걸으며

고 오직 주님께로만 마음을 모으라고 천둥 번개가 치는 것 같다. 마음속에서 주님의 음성이 들리는 것 같다. "네 영혼이나 잘 닦으려무나! 너는 여기에 왜 왔니? 귀중한 시간을 내어 무엇을 얻고자 여기에 온 것이니?" 그렇다. 말씀과 묵상에 정신을 집중해야 한다.

한참을 기도하면서 가다가 한국인 자매 두 사람을 만났다. 그중 한 사람은 간호사 출신이라는데, 며칠 전 피레네에서 다친 자매와 동행했었단다. 그날 자기 가방 때문에 그 자매가 다쳤다는데, 다친 이는 일정 때문에 사리아로 갔고 그녀는 다른 친구와 함께 잘 걷고 있다. 나에 대한 소문을 다 들었다면서, 가슴이 낫지 않았는데 이렇게 무겁게 지고 가면 회복이 안 되니 짐을 택배로 부치고 가볍게 걸으라고 충고한다. 하지만 나는 이제 내 짐을 내가 지고 싶은 것이다. 내가 이 무거운 짐을 혼자서 지고 가고 있다는 것이 나 스스로 생각하기에도 신기했다. 지금은 어깨는 안 아프고 발목이 몹시 아프다. 비바람이 부는 가운데 정말 좋은 경험을 했다. 이제는 남의 일에 판단하거나 섭섭해하거나 미워하는 일은 없어야겠다.

오늘 이곳 산토 도밍고 데 라 칼사다Santo Domingo de la Calzada의 알베르게에는 순례객들이 모두 비를 흠뻑 맞고 들어오는데 마침 벽난로가 켜져 있어 따뜻하고 옷을 말리기도 좋다. 나도 빗속을 걸으며 마음껏 소리 높여 하느님을 찬미하며 왔다. 예전에 가을에 왔을 때는 비가 거의 오지 않았었는데, 봄에는 비가 자주 오는 것 같다. 그때 잘 익은 포도밭을 지나오면서 비도 오지 않는데 이렇게 잘 익은 포도가 열리다니 참으로 신기했었다. 그런데 오늘 보니 봄에 비를 흠뻑 맞은 탓으로 가을에는 비가 오지 않아도 단맛이 가득한 포도가 열리는구나 싶다. 오늘 아름다운 자연을 보면서, 그것도 비바람과 천둥 번개 속

위 _
건물 너머로 보이는
산토 도밍고 데 라 칼사다
카테드랄의 종탑

아래 _ 카테드랄 옛 주제단화

에서, 아무것도 없는 들판을 걸은 경험은 주님을 찬미하기에 충분했다. 주님께서 이렇게 때맞추어 비바람을 보내 주시지 않는다면 이 넓은 들판에서 곡식들이 어떻게 자라겠는가? 주님 찬미합니다.

　지난번 순례 때 나는 이곳 산토 도밍고 데 라 칼사다 대성당에 들렀었다. 그때는 일요일 저녁이었는데, 밤에 장례 미사를 하는 것이 생소해 보였지만 한편으로는 망자를 하늘나라로 잘 배웅해 드리는 것 같은 느낌을 받아 인상에 많이 남아 있었다. 이 대성당은 특히 살아 있는 닭이 있는 닭장으로 유명하다. 옛날에 한 청년이 부모와 함께 순례를 하던 도중 억울한 누명을 쓰고 교수형에 처해졌는데, 그럼에도 그 부모는 끝까지 순례를 마치고 돌아와 보니 아들은 여전히 나무에 매달린 채 죽지 않고 살아 있었다. 산토 도밍고가 아들의 발을 받치고 있었던 것이다. 놀란 부모는 재판관에게 달려가 이 사실을 고하고 아들을 풀어 주기를 간청했다. 마침 저녁 식사를 하려던 재판관은 아들이 살아 있다는 부모의 말에 코웃음을 치며 식탁 위의 구운 닭들이 살아난다면 그 말을 믿겠노라고 했다. 그런데 그 순간 닭들이 날아오르며 큰 소리로 울었다고 한다. 눈앞의 기적에 감동한 재판관은 아들을 완전히 사면했고, 그 청년은 억울한 누명을 벗고 무사히 순례를 마쳤다는 이야기가 전설처럼 전해 온다. 성당 안에 닭장이 있게 된 유래다. 그때의 좋은 기억을 안고 다시 대성

산토 도밍고 대성당의 닭장

당을 찾아가 보았으나 미사가 없다. 그냥 둘러보는 것으로 아쉬움을 달래야 했다. 다행히 근처의 이글레시아에서 저녁 미사를 볼 수 있었다. 지팡이를 짚고 나온 사제가 앉아서 미사를 봉헌하고 수녀님이 그 옆에서 시중을 들었다. 미사를 보며 오늘 말씀의 깨우침에 감사드리고 내 마음을 사랑으로 가득 채워 달라고 기도했다.

이곳에서는 아는 일행들을 만나지 않아서 조용히 지낼 수 있을 것 같다. 알베르게는 아주 오래되어 보이는데 수녀님이 안내를 맡고 있는 것을 보니 수도원 소속인가 보다. 건물 구조가 아주 불편하고 동선도 길고 부엌도 요리할 수 있는 공간이 좁다. 모두 자기 순서를 기다려 한 사람씩 요리를 한다. 나는 어제 불편한 일을 당했기에 오면서 슈퍼부터 찾았다. 대형 슈퍼가 눈에 띄기에 얼른 들어가 닭다리 큰 것 두 개와 야채를 사 가지고 와서 아무도 없을 때 먼저 삶았다. 어디에서든 요령이 있어야 하고 음식도 잘 해야 하는 것 같다. 나는 요리에 자신이 없어 매번 사 먹거나 대충 때웠는데 이제부터는 먹는 것에도 신경을 써야겠다.

대만에서 온 젊은이는 자기 나라 음식을 너무 잘한다. 외국인 누구에게든 가리지 않고 큰 소리로 영어를 하며 잘도 어울린다. 아시아권에서 온 순례객들도 많이 보이는데, 그중에도 한국인이 제일 많은 것 같다. 이제 우리 젊은이들도 영어를 아주 유창하게 잘하고 어디서나 스스럼없이 어울리고 매너 좋게 행동하고 있다. 나도 이번에 돌아가면 나의 생활들이 많이 바뀌리라 생각한다. 지금까지 은둔 폐쇄형의 삶을 살았다면 앞으로는 개방적인 삶으로 바꾸고 싶다. 나 자신이 더 적극적으로 움직이고 싶다. 지금은 발목이 너무 아픈데 내일 아침이면 또 걸을 수 있을까? 주님께서 이끌어 주시리라. ✝

19 빗속에서 음악과 함께 추억에 잠기다
산토 도밍고 데 라 칼사다 - 벨로라도(거리 29.4km)

오늘은 아침에 비가 많이 오기도 했지만, 주일이라 조용히
말씀에 묻히고 싶었다. 어제 많이 걸어서 약간 겁도 나고 옆
구리도 아픈 데다가, 무엇보다도 산토 도밍고 대성당에서 주일 미사
를 봉헌하고 싶었다. 아침에 나오니까 비가 퍼붓기 시작한다. 카페
에 들러 차도 마시고 책도 보고 하면서 시간을 보내다가 미사 시간을
알아보러 갔더니 오후 1시에 있단다. 그런데 그 큰 성당이 문을 열어
놓지 않는다. 우선 벨로라도Belorado행 버스 타는 곳을 찾으러 나섰다
가 호텔에까지 들어가서 물어보았다. 홍콩에서 온 젊은이들이 호텔에
서 나오는데 한국말도 조금 한다. 호텔 안내대에 가서 버스 타는 곳
을 물어보니 지도를 하나 준다. 겨우 빗속을 뚫고 마을 외곽의 버스
정거장을 찾아갔더니, 2시간 후에 버스가 떠난다고 한다. 다시 마을
로 들어오니 마침 이글레시아에서 미사를 하고 있다. 버스 시간 때문
에 대성당 미사는 참례할 수 없었지만 그래도 주일 미사를 볼 수 있
어 기뻤다. 게다가 오늘이 성령강림일이라 미사가 더 뜻깊었다.

미사 후 버스를 타고 오며 좌우로 넓게 펼쳐진 들판을 보면서 나도
이제는 이렇게 넓은 마음으로 살고 싶다는 생각이 들었다. 비 오는

그 속에서부터 생수의 강들이
흘러나올 것이다.(요한 7,38)

날 버스를 타고 여행해 보는 것도 너무나 좋은 경험이다. 아침에 80 대 할머니와 20대 손자가 바에서 간단히 식사를 하고 비옷 차림으로 걷기 시작하는 걸 보았는데, 버스를 타고 한 구간쯤 오니까 그들도 버스를 탄다. 시간을 보니 그들은 2시간쯤 걸은 듯하다. 할머니와 손자가 동행하는 모습이 참으로 아름답고 든든해 보였다. 한국에 있는 우리 아들도 아마 저렇게 든든하게 할머니를 모시고 다닐 것이다. 며칠 전에는 장애우 아들을 휠체어에 태우고 순례에 나선 부부도 보았었다. '사랑'에 관해서 묵상해서인가? 가는 곳마다 '사랑'이 넘치는 모습들을 많이 본다.

벨로라도에 도착해서도 계속 비가 내렸다. 지난번 순례 때 거쳐 간 곳일 텐데 전혀 기억이 나지 않는다. 이곳의 알베르게는 레스토랑도 같이 있어서 한곳에서 모든 것을 다 해결할 수 있으니 너무 좋다. 그래도 가격은 5유로다. 순례를 하다 보면 때로는 이곳처럼 아주 좋은 곳도 많다. 알베르게에 딸린 레스토랑에서 10유로짜리 순례자 메뉴로 점심 식사를 했다. 그런데 며칠 전 나헤라에서 만났던 한국인 모자 팀을 여기서 또 만났다. 그들과는 음식 인심 문제로 좀 섭섭함이

위 _ 비가 오는 벨로라도

아래 _ 벨로라도의 산타 마리아 성당

있었는데, 주님께서는 내가 어떤 사람에게든 조금의 미움도 갖지 않도록 오늘 그들을 다시 만나게 해 주셨다. 점심만 함께 먹은 뒤 그들은 곧장 다른 알베르게로 떠났다. 어제 '그것이 너와 무슨 상관이 있느냐?'란 말씀으로 나 스스로 마음의 미움을 정리하게 하시더니, 오늘은 당사자를 직접 만나 아무런 감정의 앙금 없이 헤어질 수 있게 해 주셨다. 얽힌 매듭을 풀어 주시는 주님의 손길이 너무도 신기했다.

모두들 시에스타를 즐기고 있는데 나는 점심 먹고 샤워를 하고 나와 레스토랑에 앉아 순례 일기를 썼다. 창밖에 비 오는 모습을 보면서 음악을 들으며 글을 쓰고 있으니 그것 또한 멋지다. 성령께서 넘치게 오셔서 내가 전혀 외로움을 느끼지 않도록 해 주셨나 보다. 주변에 얘기 나눌 사람이 아무도 없지만 전혀 외롭지 않았다. 순례에 나선 이후 다치기도 하고 우여곡절도 많았지만, 주님께서는 내가 가는 길마다 함께하시며 나를 이끌어 주셨다. 오늘도 한결같은 인도하심을 느낀다. 주일 미사를 봉헌할 수 있게 해 주셨고 마음의 찌꺼기도 말끔히 지워 주셨으니 말이다.

오후에 한숨 잤다. 저녁에는 알베르게 레스토랑에서 한국인 4명과 함께 식사를 했다. 그중 한 분은 오는 길에 천둥소리, 비바람 소리, 번개 치는 소리를 녹음해 와 들려주었는데 약간 무섭기도 하고 경이롭기까지 했다. 이제 집으로 돌아갈 날이 한 달 정도 남았다. 오늘은 버스를 타고 왔는데 지나고 보면 아무것도 남는 것이 없다. 비록 고생되더라도 걷는 게 최고인 것 같다. 이제는 가능한 한 걸을 생각이다. 특히나 예전에 걷지 않았던 길은 꼭 걸어 보리라. 온몸으로 자연의 숨결을 느끼면서…. ✝

20 숲속의 오아시스
벨로라도 – 산 후안 데 오르테가(거리 29.9km)

당뇨를 앓은 지 15년이 다 되어 가는데, 순례를 시작한 이후 지금까지 과감히 약을 끊고 지냈다. 오늘로 20일째인데, 매일 갈증으로 목이 타고 밤에는 더욱 심해 물을 계속 마시다 보니 자다 말고 세 번씩이나 깨야 한다. 간밤에도 그랬다. 한번 일어날 때마다 다친 가슴이 아파 너무 괴롭다. 더군다나 숨도 크게 쉬기 어렵다. 현재 나의 신체 상태로는 이렇게 다니는 것이 무리이다. 모두들 내 사정을 알면 걷지 말고 쉬라고 한다. 하지만 나는 그럴 수 없다. 가다가 죽는 한이 있더라도 나는 가야만 한다.

오늘은 배낭을 택배로 부치고 한번 걸어 보고 싶었다. 어제 저녁을 함께한 한국인 4명은 아침 일찍 일어나 함께 기도를 바치고 떠났다. 그 모습이 참 보기 좋았다. 나도 그들과 함께 출발하려고 미리부터 서둘렀지만, 알베르게가 문을 열지 않아서 짐을 버려두고 떠날 수가 없었다. 내가 직접 겪은 일은 아니지만, 부친 짐은 오지 않고 순례객만 다음 숙소에 먼저 도착하여 짐을 찾으러 떠나온 곳으로 되돌아가는 경우도 보았기 때문이다. 7시가 되니 주인이 나타난다. 짐을 택배로 부치고 알베르게 레스토랑에서 간단히 아침을 먹고 편안한 마음

나에게는 이 우리 안에 들지 않은 양들도 있다. 나는 그들도 데려와야 한다. (요한 10,16)

으로 출발했다.

3일간 비가 온 뒤라 아침에 나오니 약간 춥긴 해도 너무나 상쾌했다. 하지만 오른쪽 뒷다리가 너무 아팠다. 짐이 없어도 걷는 게 힘들기는 마찬가지였다. 어제 만났던 80대의 프랑스 할머니도 나보다는 더 잘 걸을 것이다. 산 후안 데 오르테가San Juan de Ortega까지 오는 길은 소나무 숲으로 된 산길이었다. 이 길을 예전에도 걸었을 텐데 전혀 기억이 나지 않는다. 계속 소나무 숲길이라 피톤치드가 막 쏟아져 나오는 것 같았다. 피레네 산맥을 넘지 못한 아쉬움이 컸었는데 이만한 산이라도 넘으니 감사했다.

걷는 내내 무릎까지 아파 꽤 고생을 했다. 아침의 말씀이 '우리 안에 들지 않은 양들을 데려와야 한다.'였는데, 아픈 무릎을 희생으로 바치며 우리 가족의 구원을 위해 계속 기도했다. 내겐 가족이 '우리 안에 들지 않은 양들'인 셈이고, 그들을 주님께로 데려오는 것이 나의 우선적인 사명이라 할 수 있다. 나는 주님 안에 들어와 이렇게 아름다운 곳을 다니는데 우리 가족들은 아직도 주님을 모르고 있으니, 이 희생을 바치며 그들을 꼭 구원해 주시기를 간청했다. 언젠가는 이 기도

꽃 위에 앉은 나비들

를 들어주시리라 믿으면서….

　오늘 걷는 구간에는 들어가 쉴 만한 바 같은 곳이 아예 없었다. 보통은 순례길 곳곳에 수도가 잘 정비되어 있어 순례자들의 목을 축여 준다. 덕분에 물은 거의 사 먹지 않아도 된다. 그런데 오늘따라 물이 부족해 목이 더 많이 탔다. 으레 있으려니 생각하고 물 챙기는 걸 소홀히 한 탓이다. 누구한테든 물 한 방울 얻어먹고 싶었으나 희생으로 봉헌했다. 그 덕분인가, 갈증이 극에 달했을 즈음 뜻밖에도 오아시스를 만났다. 어떤 자매가 자기 자동차에 시원한 물과 갖가지 음식을 준비해 와서 길가에 서 있었던 것이다. "이런 곳에 오아시스가 있을 줄이야." 탄성이 절로 터져 나왔다. 시원한 물을 보는 순간 눈이 번쩍 뜨였다. 더군다나 도나티보였다. 돈을 듬뿍 넣고 싶었으나 동전밖에 없어서 주머니째 털어 넣었다. 가뭄 끝에 단비 같은 물이라 너무나 고마웠다. 평소에 물의 귀함을 못 느끼다가, 갑자기 아무것도 없는 곳에서 목이 극도로 마른 와중에 만났으니 그 기쁨은 이루 말할 수 없었다. 그 순간 내가 이 길을 걷고 있다는 것이 참으로 행복했다.

산 후안 데 오르테가에 도착해서 보니 예전에 잠시 머물렀던 기억이 난다. 알베르게에 들어서니 내 배낭이 먼저 와 있다. 4시가 넘었는데도 다행히 방이 있었다. 이곳에서는 19유로에 저녁까지 제공해 주었다. 아침에 먼저 출발한 한국인 4명도 이미 도착해 있었다. 그중 한 분은 신부님이셨는데, 저녁 식사 시간에 마침 내 앞에 앉으셨다. 그때까지도 몰랐는데, 일행이 '신부님'이라고 불러서 알게 되었다. 식사를 하며 지 신부님과 많은 얘기를 나누었는데, 수원교구의 성소국장님으로 의정부교구 신부님과도 서로 아시는 사이란다. 이번에 안식년을 맞아 산티아고길 순례를 왔는데, 혼자 오시기가 어려워 동료 사제를 통해 희망자를 소개받아 갓 제대한 아들을 데려온 자매와 또 다른 자매 한 명까지 이렇게 4명이 동행하게 되었단다. 매일 함께 미사를 하며 걷는 중이란다. 나는 함께 걸을 입장이 못 되어 그 미사에 참석할 수는 없겠지만, 대신 모든 것이 자유롭다.

준비도 대책도 없이 나섰다가 초장에 다치는 바람에 이제야 겨우 적응이 되어 간다. 버스 타는 법, 알베르게 찾는 법, 길 찾기, 비행기표 예약 정도는 제법 익숙해졌다. 그러나 걷기는 이제 시작한지라 적응이 덜 되어 저녁이면 발목이 너무 아프다. 지난번 순례 때도 아픈 몸으로 대책 없이 그냥 따라왔다가 동행한 젊은이의 눈치를 얼마나 많이 보았는지 모른다. 이제 내일이면 그때 눈치 보며 걷던 길의 끝이 다가온다. 내일 부르고스Burgos에 도착하면 하루쯤 쉬었다가 메세타Meseta 고원지대를 걸을 것이다. 이번에는 포기하지 말고 걸으리라. ✝

숲속에서 만난 오아시스

21 하느님의 것은 하느님에게

산 후안 데 오르테가 – 푼토 데 비스타 – 부르고스(거리 26.5km)

어제에 이어 하루에 25km 이상 걷는 것은 나에게 큰 무리일지도 모른다. 그러나 아침에 한국인 신부님 팀이 출발하면 나도 함께 나가려고 5시가 되기도 전부터 일어나 준비를 했다. 그런데 배낭 하나를 택배로 부치려고 보니 돈이 없었다. 어제 잔돈 바꾼 기억은 나는데 어찌 된 일인가? 차근차근 찾아보니 어제 짐을 부쳤던 물표 딱지를 떼지 않고 그 속에다 돈을 넣어 둔 것이다. 자칫하면 내가 지나온 곳으로 다시 배낭을 보낼 뻔했다. 짐을 다음 목적지까지 부치는 것과 휴대하는 것 두 개로 나누다 보니 신경 쓸 것도 많고 때로는 중요한 것을 빠트리기도 한다.

이제는 모든 행동에 있어서 정말 신중을 기해야 한다. 나를 도와줄 사람도 챙겨 줄 사람도 없으니 말이다. 더군다나 다른 순례객들은 모두들 젊어서 폰에다 필요한 것들을 다 깔아 왔는데, 나는 아무것도 없으니 종이 하나 들고 계속 물으면서 가고 있다. 아침에 신부님과 한 자매가 걸음이 느리다고 먼저 떠나고, 뒤에 남은 모자는 보조를 맞추기 위해 한 시간 나중에 출발했다. 그 사이에 끼이기 뭐해서 나는 눈치껏 따로 걸었다. 이제는 정말이지 남의 눈치 보는 일은 안 하고 싶다.

황제의 것은 황제에게 돌려주고, 하느님의 것은 하느님께 돌려드려라. (마르코 12,17)

어제는 숲길이라 피톤치드가 막 뿜어져 나오고 날씨도 좋아 아주 상쾌했었다. 오늘은 아침부터 비가 뿌렸지만, 비옷도 가지고 나오지 않았는데 그 또한 또 일품이었다. 그런데 걸으면서 풍광을 보니, 지난번 순례 때 분명히 이 길을 걸었을 텐데 전혀 기억이 나지 않는다. 오늘 부르고스Burgos까지 걷는 이 코스는 나에게 특별히 의미가 깊은 길이라 천천히 혼자 걸어 보고 싶었다. 예전에 같이 순례 온 젊은 자매 J와 부르고스까지는 함께 걷고, 다시 레온León까지 같이 버스를 타고 가서 거기서부터는 헤어져 따로 걸었기 때문이다. 6년 전 J의 눈치를 보며 마지막으로 함께 걸었던 코스를 오늘 나는 홀로 걷고 있다.

그때 우리는 남자분 둘과 함께 걸었는데, 내가 너무 힘들어하니까 젊은 형제 한 분이 자청하여 나와 보조를 맞추어 천천히 걸어 주었다. 내가 앞에서 걸어가면 그는 뒤에서 담배 한 대 피우고 나서 나를 따라오는 식이었다. 그렇게 보조를 맞추어 부르고스까지 우리를 데려왔기에 그때 나는 하나도 힘든 줄 모르고 이 길을 걸었던 기억이 난다. 사실 그 며칠 전에 우리는 만난 적이 있었다. 그때 그 남자분은 아픈 발로 걷느라 너무 늦어져 숙소가 이미 만원이라 할 수 없이 밤새도록 계속 걷다가 아침에 우리를 만났었다. 발도 아프고 잠도 못 자고 얼마나 지치고 힘들었을지 말만 들어도 십분 짐작이 되었다. 내가 먹고 남은 감자와 달걀을 드렸더니 고마워하면서 헤어졌었는데, 며칠 뒤 부르고스로 가는 길에 또 만나 동행하게 되었던 것이다.

그런데 이번에 걸어 보니 전에 걸었던 길은 하나도 못 찾겠다. 푼토 데 비스타Punto de Vista의 십자가는 전혀 처음 보는 것 같았다. 그 십자가 앞에서 나는 그동안 무겁게 짊어지고 왔던 모든 십자가를 잠시 내려놓고, 각자 짊어진 자기 십자가의 무게에 허덕이고 있을 동생들을 위해 기도했다. 그들도 자신의 십자가를 잘 지고 갈 수 있게 해 주십사고…. 그리고 나니 길이 조금 평탄해진 것일까? 거기까지는 잘 왔는데 그다음부터 부르고스까지는 어떻게 왔는지 완전 아스팔트 길을 걷고 있었다. 주변을 돌아보니 순례객이 없다. 아무래도 이 길은 아닌 것 같다. 간혹 한두 명이 보일 뿐이다. 날씨도 비가 왔다 개었다 더웠다 야단

푼토 데 비스타의 십자가

이다. 아스팔트 길을 한참 걷다가 이건 아닌데 싶어 카페에 들러 물어보아도 계속 이 길을 가라고 한다. '일단 점심이나 먹자.' 하고 햄버거를 시켰다. 조금 있으니 한국인 세 명이 카페에 들어온다. 아침에 일부러 늦게 출발한 모자와 며칠 전 산토 도밍고 데 라 칼사다 가는 길에 만났던 간호사 자매였다. 순간 너무나 반가워 소리를 질렀다. 그들도 아무래도 길을 잘못 든 것 같다고 한다. 나로서는 길이

산 후안 데 오르테가 수도원

야 나중 문제고 함께 갈 동지들이 생겨 얼마나 반가웠는지 모른다.

동행하면서 보니 이들은 스마트폰 앱을 보며 아무에게도 묻지 않고 계속 걷기만 한다. 나는 비록 원시적이긴 하지만 종이를 들고 일일이 물으면서 걷는다. 그러니 말도 안 통하는데 얼마나 힘들겠는가? 예전에 내가 걸었던 길은 아름다운 숲길이었는데 오늘은 완전히 도심 한가운데로 아스팔트 길을 걸었다. 만약 혼자서 이렇게 왔더라면 너무 지루했을 것이다. 정말 주님께 감사하지 않을 수 없었다. 아침에 뽑은 말씀이 이해가 안 되어 계속 무슨 뜻일까 묵상하며 왔는데 오늘따라 발목은 어찌나 아프던지…. 그래도 이번 순례에 시종 함께하는 일행이 없이도 나 혼자서 하나하나 물어 가며 기도하며 여기까지 올 수 있었던 것이 얼마나 감사한지 모르겠다.

내일 이곳 부르고스에서 하루 쉴 생각을 하고, 저녁에 잠시 식사를
하러 무니시팔 밖으로 나갔다. 누군가 근처 중국집이 값도 싸고 괜찮다
고 하여 나갔는데 도저히 찾을 수가 없다. 치약이 다 떨어져 슈퍼를 찾
았으나 또한 보이지 않는다. 골목마다 온통 관광객들이 넘친다. 순례객
들뿐만 아니라 그냥 관광 온 한국인들도 많이 보인다. 내일 성당을 찾아
차분히 미사하고 기도하고서 둘러보려고 했는데, 어마어마한 관광객들
에 둘러싸여 기도할 분위기가 안 될 것 같다. 하루 머물며 몸도 좀 쉬고
기도도 하고 떠나려고 했는데, 거리의 분위기를 보니 하루 더 있다가는
오히려 지금까지의 차분함이 방해를 받을 것 같다. 낮에 길을 잘못 들어
부르고스 시내를 관통하면서 '이건 아닌데.'라는 생각이 들더니만….

붐비는 거리를 보고는 하루 더 머물러야겠다는 생각이 바뀌었다.
내일 떠나야겠다. 쉬더라도 조금 더 가서 조용히 묵상하며 쉬어야지.
내 짐을 내가 지고 메세타를 향하여 걸으리라. 내가 이곳에 온 목적은
맛있는 것 먹고 좋은 숙소에서 잠자고 멋진 것 구경하기 위함이 아니
다. 오로지 은총을 찾아가는 오르막길을 걷고 싶은 것이다. 앞으로 내
가 무엇을 어떻게 해야 할지 주님의 소리를 듣고 싶어 온 것이다. 나
는 들뜨고 싶어 온 것이 아니다. 빨리 조용한 곳으로 들어가야 한다.

나간 김에 부르고스 산타 마리아 대성당 박물관을 둘러보러 갔더니
마침 이날은 요금을 받지 않는다고 한다. 성전 안에 들어가 이곳저곳
둘러보며 예전에 받았던 감명을 다시 한 번 느꼈다. 카메라를 가져가
지 않아 핸드폰으로 사진을 찍었다. 이곳 대성당은 아마도 바르셀로
나Barcelona의 '성가족 대성당La Sagrada Familia' 다음으로 크지 않을까? 다
른 곳은 안 가 봐서 잘은 모르지만…. 성전을 둘러보는 내내 묵상을 하
는데도 아침의 말씀이 무슨 의미인지 잘 새겨지지 않는다. '황제의 것

은 황제에게, 하느
님의 것은 하느님에
게…' 어쩌면 세상적
인 사람들은 세상적
인 삶을, 영적인 사람들
은 영적인 삶으로 살
라는 뜻일지도 모르겠
다. 내일 내 짐이 무겁
더라도 10km 정도는
걸을 수 있지 않을까?

부르고스로 가는 도중 볼 수 있는 알베르게 광고 버스

이제 주님께서 많이 낫게 해 주셨으니 그 정도는 할 수 있을 것 같다.

알베르게에 돌아와 성경을 펴 놓고 읽고 있는데 한국인 자매가 미사를 함께 하자고 데리러 왔다. 아침 복음 말씀의 뜻이 잘 이해도 안 되고, 부르고스의 밤거리를 돌아보고는 빨리 떠나야지 싶어 마음이 어수선하던 참이었다. 그런 마음을 자제하려고 성경을 보고 있던 차에 영적인 분들이 나를 부른 것이다. 따라가 보니 신부님을 모시고 다니는 한국인들이 4층의 빈 곳을 찾아 책을 몇 권 쌓아 놓고 그 위에 미사 제단을 만들어 놓았다. 짧은 시간 동안 미사를 보고 나니 어두운 기운들이 다 사라졌다. 역시 '하느님의 것은 하느님에게!'

편안한 마음으로 잠을 청하면서 마음이 바뀌었다. 처음에 생각했던 대로 내일은 이곳 부르고스에서 하루 쉬는 쪽으로 마음을 정했다. 쉬면서 대성당 박물관 안의 모든 진품들을 감상하고 미사도 하고 온종일 피정을 좀 하고 싶다. 이제 차분히 앉아 기도하고 싶다. ✝

22 영혼의 꽃을 피우기 위해
부르고스 2일차

오늘은 이동 없이 휴식할 생각이라 푹 자고 늦게 일어났다. 아침 식사를 하고 내일 떠날 준비를 하고 있던 중에 간호사 자매를 만났는데 몰랐던 정보를 알려 준다. 간밤에 숙박한 무니시팔에 잠시 배낭을 맡겨 놓을 수 있다는 것이다. 그녀는 걷는 속도에 따라 신부님 일행과도 만났다 헤어졌다 하면서 여기까지 왔단다. 신부님 일행 4명은 아침에 바로 메세타로 떠났고, 그 자매와 나는 이곳에 하루 더 머물기로 했다. 우리는 짐을 맡긴 후 곧바로 부르고스 산타 마리아 카테드랄[1]로 박물관 구경을 떠났다. 관람료는 4.5유로였다. 어제 저녁에도 와 봤으니 지난번 순례 때까지 합치면 세 번째 구경하는 것인데도 정말 볼수록 대단했다. 박물관을 둘러보면서 말씀 묵상

---

1. 부르고스 산타 마리아 카테드랄 : 스페인에서 매우 중요한 고딕 성당으로 1984년 유네스코세계문화유산으로 등록되었다. 1221년에 건축되기 시작해 수세기 동안 보수·확장을 거듭해 1795년까지 공사가 계속되었다. 성당의 크기와 형태는 가히 압도적이다. 거대한 탑들과 장식적인 외관이 성당의 웅장함을 강조하고 출입문 위의 장미창, 첨탑과 지붕을 장식한 정밀한 세공은 그것이 정말 석재인지를 의심케 한다. 이 성당의 중요한 보물들은 성당 박물관에서 더 잘 감상할 수 있다.(홍사영 신부 著 『산티아고 길의 마을과 성당』 기쁜소식, 2015년, p.116)

그분께서는 죽은 이들의 하느님이 아니라 산 이들의 하느님이시다. (마르코 12,27)

이 많이 되었다. 성서를 모티브로 한 조각들을 보는 것이 곧 성경 말씀을 보는 것과 진배없으니 그 자체로 묵상인 셈이다. 마침 대성당에서 미사도 봉헌할 수 있었다. 간밤에는 어둠이 덮치면서 곧바로 이곳을 떠나고 싶더니만, 박물관을 구경하고 미사까지 참례하고 나니 이곳에 남기를 너무 잘했다는 생각이 든다. 대성당을 나온 우리는 맡겨둔 짐을 찾아 근처의 오늘 묵을 알베르게로 옮겨 놓고 점심을 먹으러 나갔다. 중국집을 찾아다녔으나 결국 못 찾고 노천카페에서 햄버거를 먹었다. 그 덕분에 시내 구경도 했다. 오늘 숙박할 곳은 사립 알베르게인데 내부에 작은 성당까지 갖추고 있어 더더욱 좋았다.

오후에 간호사 자매는 시내 구경을 하겠다고 나갔고, 나는 알베르게 안의 성당에서 묵상을 하려고 남았는데 아쉽게도 성당 문이 닫혀 있었다. 그래서 혼자 시내 구경을 나갔다가 돌아오려는데 길이 헷갈려서 도저히 숙소를 찾을 수가 없었다. 할 수 없이 행인에게 물었더니 고맙게도 나를 알베르게까지 데려다주었다. 늦게 돌아온 자매에게 그 얘기를 했더니, 그래 가지고 어떻게 여기까지 올 수 있었냐 한다. 나도 모르겠다. 이렇게 길치인 내가 어떻게 여기까지 올 수 있었겠는

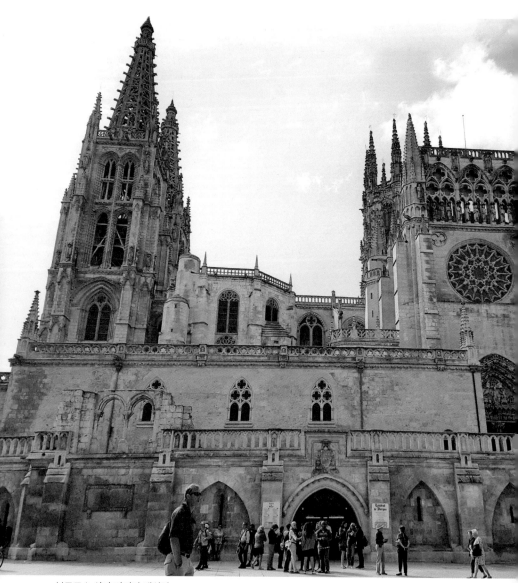

부르고스 산타 마리아 대성당

부르고스 산타 마리아 대성당의 내부 모습

가? 주님의 보살핌 덕이라 할밖에 달리 설명할 길이 없다. 주님께서 매번 천사들을 보내시어 내 길을 이끌어 주시지 않았다면 도저히 올 수 없는 길이었다 말하니 그 자매도 인정하겠단다. 저녁에 그 자매를 따라 중국 음식점을 찾아가서 저녁을 먹고 숙소로 돌아올 때도 여전히 길을 못 찾는 나를 보고 그녀는 막 웃었다. 어쩌면 이렇게 부족한 나란 사람의 순례 자체가 주님께서 당신의 어린 양을 계속 도와주고 계심을 증거하는 것이 아니겠는가?

그런데 중국 음식점에서 전에 나헤라에서 만났던 한국인 모자를 또 만났다. 이미 마음의 앙금은 씻었지만 일전에 음식 인심 때문에 약간 부담이 되었던 모자였다. 저녁 식사 후 숙소로 돌아오는 길에 그들이 나더러 아름다운 경치를 보며 놀다 가잔다. 그 아들은 서울대 공대를 다니는데 신장의 병을 앓고 있어 치병을 위해 순례를 왔단다. 전날 부르고스로 약과 함께 짐을 부쳤는데 영수증을 잃어버려 짐을 찾지 못한다며 당장 약이 없어 큰일이라고 했다. 앞길이 창창한 학생인데 빨리

산타 마리아 성문

나았으면 좋겠다. 오늘 아침의 말씀처럼 주님은 죽은 이들 주님을 믿지 않는 사람들 의 하느님이 아니라 살아 있는 이들 주님을 믿는 사람들 의 하느님이시기에, 하느님을 믿는 사람들로서 우리는 서로를 위해 기도해야만 한다. 부모로서 자식의 아픔을 지켜보는 것은 더한 고통이리라. 그날도 아픈 자식을 챙겨 먹여야 한다는 생각밖에 없었을 것이다. 사정을 들어 보니 그들을 위해 기도할 수밖에 없었다.

리베카 솔닛은 『걷기의 인문학』에서 '순례는 무언가를 찾아가는 여행이고, 순례에서 걷는다는 것은 그 무엇인가를 찾기 위한 노동이다. 그 무언가 중에는 스스로를 변화시키는 일도 포함될 수 있다.'고 말했다. 나는 지금까지 세상적인 일도 할 만큼은 해 보았고 교회의 일도 어느 정도는 해 보았다. 그렇다면 나는 무엇을 더 바라고 이 길을 걷고 있는 것인가? 자문해 보지 않을 수 없다. 나는 주님을 더 깊이 체험하고자 이 길을 걷고 있으며, 또한 내 힘만으로는 나를 변화시킬 수 없으니 자청하여 고통을 감내하면서 나를 변화시키고자 이 길을 걷고 있는 것이다. 이래도 변화가 되지 않는다면 어떻게 할 것인가?

나는 순례길 초장부터 다쳐서 제대로 걷지 못했지만 덕분에 내 본 모습을 적나라하게 볼 수 있었다. 또한 아픈 게 차츰 나아지면서부터는 남들처럼 걸어서 순례를 하고 있다. 아직 발목도 몹시 아프고 내 짐도 다 지지는 못하지만, 처음에 염려했던 것보다는 훨씬 좋은 순례를 하고 있는 셈이다. 내일부터는 메세타 지방을 걷는다. 그곳은 건조한 고원지대로 걷기 힘든 코스라 지난번 순례 때는 버스로 통과했었다. 이번에는 걷기로 작정한 만큼 마음을 단단히 가져야겠다. 지금까지의 순례는 시작에 불과할 것이다. 내 영혼의 꽃을 피우기 위한 고통의 과정이 나를 기다리고 있을지도 모른다. ✝

Camino de Santiago

CHAPTER 3

메세타를
향하여

23 기적의 메달을 목에 걸고
부르고스 – 라베 데 라스 칼사다스 – 오르니요스 델 카미노(거리 20km)

오늘 처음으로 메세타^{Meseta} 고원을 걸어왔다. 다행히 간호사 자매와 함께 걸을 수 있어 그 지루한 길을 무사히 왔다. 물도 없고 엄청 지루한 길이라고들 하기에 처음부터 물 두 병과 과일을 짊어지고 왔는데, 초반에는 계속 길에 물이 보였다. 그런데 어느 순간부터 작열하는 태양 아래 걷는 것이 너무 힘이 들었다. 모자를 썼음에도 불구하고 얼굴은 벌겋게 달아올랐고 헉헉 숨이 찼다. 처음으로 반바지를 입고 나섰는데 종아리가 하루 만에 다 익은 것 같다. 짐을 일부 부치고 가볍게 걷는데도 그랬다. 그러다 어느 순간 숲이 있는 오아시스를 만났다. 너무나 반가운 나머지 들어갔더니 물을 펌프로 퍼 올린다. 일단 실컷 마셔 갈증부터 푼 후 병에 물을 떠서 발에다 부어 열을 식히고 잠시 쉬다가 다시 출발했다. 아르헨티나에서 왔다는 젊은 연인들은 벤치에 드러누워 한참을 쉬며 자며 하다가 우리 뒤를 따라왔다.

이곳 메세타 고원은 나무가 없는 허허벌판이라 해를 피해 쉴 수 있는 그늘조차 없다. 도중에 한 자전거 순례객이 넘어져서 다리를 다쳐 쓰러져 있는 걸 보았는데 부상이 심한지 일어나질 못한다. 그를 도와주기 위해 네 사람이 둘러서서 다친 상황과 전화번호 등을 묻고 있었

너는 마음을 다하고 목숨을 다하고
정신을 다하고 힘을 다하여
주 너의 하느님을 사랑해야 한다. (마르코 12,30)
네 이웃을 너 자신처럼 사랑해야 한다. (마르코 12,31)

다. 우리 둘은 언어가 안 통하니 그들에게 아무 도움도 될 수 없었다. 내가 오리송에서 넘어져 다쳤을 때는 다른 이들로부터 많은 도움을 받았는데, 오늘 다친 사람을 보고도 아무 도움을 줄 수 없어 안타깝고 미안하기까지 했다. 우리 둘은 그냥 그 자리를 떠날 수밖에 없었다. 사마리아 사람 생각이 났다. 현장에서 도움을 줄 수 있는 사람만이 진정한 순례자란 생각이 들었다. 한참을 걸어도 그들이 뒤따라오지 않는 걸 보니, 여태 땡볕에서 도움의 손길을 기다리고 있는 모양이다.

이제 진정한 순례가 시작된 것 같다. '하느님을 사랑하고 사람을 사랑하는 것.' 지난번 순례 때도 처음 출발할 때 이 말씀을 택했었는데, 나는 결국 순례의 동행자였던 J양을 사랑하지 못했었다. 아무것도 모르는 나를 중도에 혼자 남겨 두고 간 것 때문에 화가 풀리지 않았었다. 그러나 그 덕에 이번 순례를 나 혼자 하고 있는 것이다. 시작부터 다쳐서 내 본모습을 보게 되었고, 사람들을 만날 때마다 그곳에 사랑이 있음을 볼 수 있었고, 또 나를 돌아볼 수 있었다. 과거의 시련은 나를 단련시키고 성숙케 하여 지금의 더 강한 나를 만들어 주었다. 어쩌면 그것이 하느님께서 나를 사랑하시는 방식인가 싶다. 그렇다면 그때 나를

순례자들의 생명수

혼자 두고 떠났던 J도 하느님의 사랑을 매개하는 메신저였는지도 모른다.

걷는 도중에 너무 더워 지쳐서 더 이상 갈 엄두가 안 날 때쯤 마침 라베 데 라스 칼사다스 Rabé de las Calzadas 성모 경당이 보였다. 시원한 경당에서 봉사자 두 분이 우리에게 '기적의 메달'[1] 목걸이를 걸어 주었다. 나는 사실 성모 경당이나 기적의 메달에 관한 정보도 몰랐는데, 함께 가던 자매는 어찌 알았는지 기독교인인데도 나를 그곳으로 이끌었다. 알고 보니 먼저 떠난 신부님 일행이 카톡으로 그녀에게 중요한 곳의 사진과 정보를 알려 주고 있었다. 그 덕에 나도 기적의 메달을 목에 걸 수 있었던 것이다. 잠시 쉬면서 기도하고 나서 우리 둘은 다시 고원을 걸었다. 벼르고 별렀던 메세타 고원을 걷는다는 것 자체가 내겐 기적이고 행복이다. 그 힘든 길을 쓰러지지 않고 걸어오다니, 아마도 성

---

1. 기적의 메달은 앞면과 뒷면으로 되어 있다. 앞면은 성모님께서 발 아래에 뱀의 머리를 짓밟고 지구 위에 서 계신다. 뒷면은 열두 개의 별들이 십자가를 떠받친 대문자 'M'을 둘러싸고 있고 그 아래에는 두 개의 불타오르는 심장이 있다. 성모님께서 1830년 카타리나 라부레 수녀에게 나타나 "이 모양대로 메달을 만들어 지녀라. 이 패를 지닌 사람들은 큰 은혜를 받게 될 것이다. 특별히 이를 목에 걸고 다니는 이들은 큰 은총을 얻을 것이다." 하셨다. 수녀는 발현의 전체 내용을 그녀의 고백신부에게 이야기했고, 그와 함께 성모님의 가르침을 실행에 옮겼다.(『성 빈첸시오 아 바오로회 교본』 p.126)

모님께서 기적의 메달로 우리를 보호하셨나 보다. 정말 기적의 메달 체험을 제대로 했다. 오늘의 목적지인 오르니요스 델 카미노Hornillos del Camino 마을 입구에 다다르니 산타 마리아 성당이 보이고, 그 앞 광장에서 '수탉의 샘 Fuente del Gallo'이라는 음수대도 볼 수 있었다. 베드로가 "닭이 울기 전에 너는 세 번이나 나를 모른다고 할 것이다." 하신 예수님의 말씀이 생각나서 밖으로 나가 슬피 울었다는 성경 구절(마태오 26,75)에서 유래되어, 수탉은 흔히 회개를 상징한다.

무니시팔에 들어가니 침대 1층은 이미 자리가 없다. 오르내리기 힘들고 떨어질까 불안하지만 2층을 쓸 수밖에…. 샤워와 빨래를 하고 나오니 알베르게 주인이 샤워실 주위의 물들을 나보고 다 닦으라고 지시한다. 다른 사람들이 흘려놓고 갔는데 나더러 치우라니? 이런 일은 처음이었다. 이 또한 내게 사랑을 가르치려는 것일까? 청소를 하고 잠깐 밖에 나갔는데, 거기서 미국인 청년 콜트와 캘러핸을 또 만났다. 나를 보자마자 사진을 찍자고 달려드는데, 나도 너무 기뻐 나의 아들 나의 딸이라고 말해 주었다. 처음에 다쳤을 때 이들 덕분에 다음 여정으로 이동할 수 있었다. 내가 순례를 포기할 뻔했을 때 나타나 주었던 예쁜 천사들이라, 말은 잘 통하지 않아도 볼 때마다 너무나 반갑다. 이것이 바로 하느님을 사랑하고 사람을 사랑하는 증거가 아닐까…. 저녁이라도 한번 사 주고 싶은데, 다시 만날 수 있을지 모르겠다.

오늘 본당의 빈첸시오회 회장과 꾸르실료회 총무한테서 순례를 잘하고 있는지 궁금하다고 문자가 왔다. 그들 모두 나를 위해 기도하고 있다니 그저 감사할 따름이다. 하지만 내가 메세타를 무사히 건널 때까지는 아무에게도 연락을 안 하고 싶다. 온전히 순례에만 집중하고 싶어서다. ✝

위 _ 라베 데 라스 칼사다스 성모 경당

아래 _ 기적의 메달을 걸어 주는 봉사자들

위 _ 자전거 순례단
아래 _ 오르니요스 델 카미노 산타 마리아 성당(=산 로만 성당)과 수탉의 샘

24 새롭게 하소서
오르니요스 델 카미노 – 카스트로헤리스(거리 19.7km)

간밤에 침대 2층에서 잤는데 한쪽에 막힘이 없어 밤새 얼마나 불안했는지 모른다. 예전에 자주 떨어지는 꿈을 꾸어서 그런지 떨어질까 봐 불안해서 내내 잠을 이룰 수 없었다. 새벽에 일찍 일어나 내 짐을 챙기려고 보니 없어진 것들이 많았다. 모자, 비누, 슬리핑백 커버, 점퍼, 충전용 연결선…. 찾아야 하는데 도대체 보이질 않는다. 물건들을 찾느라 왔다 갔다 하니까 조용히 하라고 하고, 테이블 위에 가방을 두었더니 다 내려놓으라고 한다. 내 물건들을 찾지 못해 떠나지도 못하는데 웬 지적들은 이렇게 많은지…. 침대 밑에 깔려 있는 커버만 겨우 찾고는 일행과 함께 일찍 떠났다. 매일 아침 이렇게 덤벙대다가 하나씩 잃어버리고 있다.

아침에 길을 나서 걷다 보면 언제나 해가 등 뒤에서 비치기 때문에 앞에 있는 자신의 그림자를 보게 된다. 이 길에서 그것은 내 속의 어두운 면들을 확실하게 보여 주는 표시인 것 같다. 어떤 날은 길게 또 어떤 날은 짧게…. 이 길은 영혼의 길이다. 분명 내 영혼을 정화하면서 가야 하는데, 이곳은 하나씩 버리고 가는 곳인데, 아직도 내 배낭이 무거워서 다 지지도 못하는데, 하나 잃어버려도 또 입을 것이 있

내 오른쪽에 앉아라. 내가 너의 원수들을 네 발아래 잡아 놓을 때까지. (마르코 12,36)

는데, 난 왜 이렇게 연연하는 것일까? 언제쯤 내 물건에 집착하지 않고 편안한 마음으로 살 수 있을까? 이런 생각을 하면서 걷다가 혹시 내 배낭 속에 점퍼가 들어 있지 않을까 싶어 확인해 보니 역시 있었다. 가지고서도 왜 없냐고 법석이었다니…. 확 부끄러웠다. 어쩌면 이것이 내 삶을 축약해서 보여 주는 것 같았다. 하느님께서는 이미 다 주셨는데, 나는 여전히 더 달라고 조르고 매달리고 있다. 아직도 비우기보다 채우려 애쓰고 있다. 아침의 말씀을 곰곰 묵상해 보니 어쩌면 나의 원수는 물욕, 집착처럼 내 안에서 나를 괴롭히는 모든 악덕들이라 할 수 있다. 주님의 권능으로 나의 원수들을 내 발아래에 잡아 놓을 수 있도록 언제나 주님 곁

여러 개의 화살표

카스트로헤리스 가는 길

에 있으리라. 이 깨달음을 주시기 위해 아침부터 그 소란을 겪었나 보다. 주님, 저를 새롭게 하소서!

오늘 이틀째 메세타 고원을 걸으면서 마음속에서 감사함이 절로 올라왔다. 아직도 가슴은 아프다. 어제 용을 써 가며 침대 2층을 오르내려서인지 더 아프다. 하지만 걸을 수 있다는 것만으로도 감사하다. 만일 다리가 부러졌거나 인대라도 늘어졌다면, 나는 어쩔 수 없이 한국으로 돌아가야만 했을 것이다. 비록 고통스럽긴 하지만 걸을 수는 있으니 얼마나 감사한가. 물 하나 없는 고원이라고 하는데, 가다 보면 가끔 바도 있고 오아시스도 나무도 있다. 아직은 걸을 만하다. 며칠 뒤면 정말 아무것도 없는 아주 힘든 코스를 걷게 될 거라고 한다. 그러나 이삼일 참으며 그 코스만 지나면 그다음부터는 또 평소에 걷던 곳과 같다고 한다. 지금은 간호사 자매와 함께 걷고 있어 길 찾느라고 신경을 안 써서 좋다. 한 가지 걱정이라도 덜 수 있으니 이 또한 감사한 일이다.

남들은 일찍부터 걸어서 이제는 모두 익숙해져 잘들 걷는데, 나는 초장에 다치는 바람에 주로 버스로 이동하다가 본격적으로 걷기 시작한 지 얼마 되지 않아 지금 발바닥에 물집이 잡혀 걷기가 몹시 불편하다. 신발도 익숙지 않아 발목이 계속 아프다. 너무 무거운 신발을 신어 내 발목이 버티지 못하는 것 같다. 그래도 고통을 참으며 걸어 별 탈 없이 이곳 카스트로헤리스Castrojeriz의 알베르게에 일찍 도착했다. 그런데 여기서 반가운 얼굴들을 또 만났다. 어제 미국인 청년들을 만났을 때 오늘 우리가 머물 알베르게가 한국인이 운영하는 곳이니 내가 한식을 대접하겠노라고 그리로 오라고 했었는데, 짧은 영어인데도 용케 다 알아듣고 이곳에 나보다 먼저 와 있었다. 이들은 얼굴만 봐도 너무 예쁘다. 알베르게에서 점심으로 라면을 끓여 주었는데, 모처럼 먹어서 그런지 아주 꿀맛이었다. 라면이 이렇게 맛있는 음식인 줄 미처 몰랐다. 저녁 메뉴로는 비빔밥이 나와 만리타국에서 한식을 맛보는 호사를 누렸다. 더구나 미국인 청년들에게 대접할 기회가 생겨 너무너무 감사했다.

오늘 숙소인 이곳 '알베르게 오리온Albergue Orion'은 한국인 자매가 운영하는 곳이다. 그동안 묵었던 곳은 대부분 5유로 정도였는데, 이곳은 10유로로 조금 비싸긴 하지만 쾌적하게 잘 지어져 있어 마음이 흡족하다. 요모조모 순례자들을 위한 배려가 느껴진다. 그녀는 원래 한국에서 디자인 일을 했었는데, 몇 년 전 이 길을 걷다가 카미노에 반해서 전에 하던 일을 과감히 접고, 함께 걸었던 스페인 청년과 이곳에 알베르게를 열게 되었다고 한다. 그들은 부부도 연인도 아니라고 했다. 단지 같은 일에 마음이 맞은 동업자인 것이다. 이국땅에서 새로운 일에 도전한 것도, 서로 남남인 남녀가 뜻 하나로 동업하는 것도 쉽지 않은 일일 텐데 대단해 보였다. 그것도 순례객들이 가장 힘들어하는 코스인 메세타에서 그들을 위해 위로를 베풀고 있으니

위 _ 다시 만난 콜트와 캘러핸
아래 _ 카스트로헤리스 마을 입구

말이다. 둘 다 너무 친절하고 자신이 하는 일에 많은 보람을 느끼는 것 같았다. 순례 중에 만났던 성 도밍고 성당이나 산 후안 성당 등은 순례객들을 돕기 위해 자진해서 일생을 바친 성인들을 기리는 성당들이었다. 또한 알베르게나 상점 등 순례길 곳곳에 그들 성인의 이름이 있었다. 이 길을 지키기 위해서 일생을 바친 그들이 있었기에 지금 그 후손들은 아주 편안하게 순례의 길을 걷고 있다. 그분들에게 감사할 따름이다.

이제 한국에서 카톡이 와도 당분간 조용해야겠다. 내 마음에 어떤 변화가 일어날지, 어떤 결정을 하게 될지 알 수 없기 때문이다. 이 알베르게 주인처럼 돌연 무슨 마음이 들지 어떻게 알 수 있으랴? 기존의 것을 다 포기하고 새로운 일에 용감하게 도전하는 정신! 한편으로는 그 용기가 대단하게 느껴지고 부럽기도 하지만, 그런 일이 내겐들 일어나지 말란 법은 없으니까. 어떤 미래가 펼쳐질지는 아무도 모르는 일이다. 아침에 떠날 때는 이것저것 지적당하고 물건도 잃어버리고 했는데, 그래도 모든 것이 감사한 하루였다. 내가 메세타를 다 지나고 나면 많은 변화가 있기를 기대해 본다. 주님, 부디 저를 새롭게 하소서! ✝

메세타 대평원

25 영혼의 길
카스트로헤리스 – 프로미스타(거리 26km)

지난밤은 정말 좋은 알베르게에서 편안히 쉬고 잠도 푹 잤
다. 일찍부터 서둘러 6시에 간호사 자매와 한 청년과 함께
셋이서 기분 좋게 출발했다. 그 청년은 메세타 첫날인 그저께 저녁
식사 때 처음 만났는데, 기독교 계열 신학교를 자퇴하고 혼자 순례를
왔다고 한다. 마을을 벗어나 얼마 지나지 않아 가파른 언덕길을 걸어
오르니 해발 900m의 평평한 고지가 나왔다. 이때까지만 해도 이른
시간이라 그런대로 견딜 만했다. 고지 위에서 내려다본 대평원은 굉
장했다. 시야 가득 들판과 마을과 길이 끝없이 펼쳐져 있고, 그 한가
운데를 순례길이 관통하고 있다.

지난번에 J양과 산티아고 순례를 왔을 때, 우리는 세상에서 너무 힘
들게 살았으니 이 힘들다는 메세타 고원 길은 굳이 안 걸어도 될 것
같다고 합의를 보고, 부르고스에서 레온까지 버스로 이동했었다. 그
런데 레온을 지나 첫 번째 알베르게에 들렀을 때 우연히 읽은, 어느
한국인이 벽에 써 놓고 간 글귀가 아주 인상적이었다. '이제 세상에
나가서 어떤 힘든 일도 기쁘게 할 수 있을 것 같다.' 메세타를 걷고
난 소감이었는데, 그 길이 얼마나 힘들었으면 그런 말이 다 나왔을

저들은 모두 풍족한 데에서 얼마씩 넣었지만,
저 과부는 궁핍한 가운데에서 가진 것을,
곧 생활비를 모두 다 넣었기 때문이다.(마르코 12,44)

까? 그리고 나도 그런 성취감을 직접 맛보고 싶었었다. 그때의 미련
이 남아 이번에는 어떤 어려움이 닥친다 해도 메세타만은 꼭 걸으리
라 다짐했다. 그토록 벼르고 별렀던 이 길을 지금 걷고 있는 것이다.

아침과 달리 한낮의 대평원을 걷는 것은 그야말로 고통이다. 기온
이 최고 31도까지 올라가 온몸이 벌겋게 달아올랐다. 모자도 소용이
없다. 위에서 내려오는 열기에 얼굴이 다 익는다. 반바지를 입었더니
종아리도 빨갛게 익었다. 정말 너무 덥고 갈증이 나는데 나무도 물도
보이지 않았다. 물 한 방울 나무 그늘 하나가 그렇게 간절할 수가 없
다. 이러다 일사병에 걸려 죽을 수도 있겠다 싶었다. 발에는 물집이
잡혀 걸을 때마다 쓰리고 아픈데 잔돌들은 어찌나 자주 들어가는지.
잔돌과 모래가 물집을 자극할 때면 나도 모르게 "악!" 소리가 나온다.
'과연 내가 이 길을 걸어야 할까? 걸을 수 있을까?' 메세타는 성취의
기쁨을 주겠다고 나를 불러 놓고는 매 순간 극한의 인내를 시험하며
이제 그만 포기하라고 유혹한다. 나와 함께 걷던 간호사 자매는 저혈
당이 온다면서 빙빙 돈다고 했다. 내가 마침 아침에 먹거리 몇 개를
준비해 왔기에 망정이지 정말 큰일 날 뻔했다. 옆에서 그러니 심리적

으로 더 불안해진다. 나는 당뇨 환자에다 제대로 걷지도 못하는데 이런 곳에서 변을 당하면 속수무책이다. '이 길을 혼자 걷다가 쓰러지면 어떻게 하지?'라는 생각도 들었다. 계속 주님을 부르짖을 수밖에 없었다.

정말 가도 가도 나무 그늘 하나 없고 내내 밀밭뿐이다. 그래서 이 길을 영혼의 길이라고 했던가? 주님을 만나지 못하면 암흑 속에 헤매듯이, 노란 화살표만 정확히 보고 가야 한다. 너무 힘든 순간에는 "부엔 카미노Buen Camino, '반가워요, 순례자'"라는 말조차 안 나온다. 다른 사람들도 죽을힘을 다해 걷느라 아무 소리도 안 한다. 너무너무 힘들어 죽을 것 같은 그 순간에 나무 그늘 하나가 나타나면 그것이 바로 오아시스이고, 게다가 바람까지 솔솔 불어 주면 더 바랄 게 없어진다. 모두들 그렇게 힘든 여정인데도 고통을 이기는 나름의 방법을 찾아낸다. 어쩌다 시원한 나무 그늘을 만나면 누워서 쉬는 사람들이 있는가 하면 함께 모여 노래하고 춤추는 서양인들도 있다. 서로 격려하고 힘을 받기 위해서다. 그렇게 낙천적인 사람들을 이 길이 아니면 어디서 또 만나겠는가? 힘들다가도 그런 모습을 보면 절로 웃음이 나오고 잠시 새로운 에너지를 얻는다.

무리에 무리를 해 가면서 나는 왜 이 길을 왜 걷고 있는가? 이 순례의 끝에서 나는 답을 찾아야 한다. 아니, 그럴 수 있기를 기대한다. 앞으로 이 고원 길을 5일은 더 걸어야 한다. 내가 과연 해낼 수 있을지 의문이다. 이 길은 혼자서는 두려워서 걷기 어려울 것 같다. 같이 걷는 간호사 자매가 있어 그나마 위로가 된다. 새벽에 함께 출발했던 대학생 청년은 12시쯤에 도착했다는데, 우리 둘은 4시쯤에야 프로미스타Frómista에 도착했다. 오늘 메세타의 진면목을 진하게 체험했

위 _ 나무 그늘

아래 _ 나무 그늘 아래서 춤추고 노래하는 순례자들

다. 죽을 만큼 힘들다는 게 어떤 것인지 나도 알 수 있을 것 같다. '이제 세상에 나가서 어떤 힘든 일도 기쁘게 할 수 있을 것 같다.'는 말이 왜 나왔는지 온몸으로 실감할 수 있었다.

오늘은 성독[1] 피정의 날인데 나는 산티아고 순례길 중 가장 힘들다는 메세타 고원을 걸어왔다. 한 걸음 한 걸음 힘겹게 옮기며 나는, 우리 성독 모임의 기도자들이 이 길을 걷고 있는 모든 순례자들을 위해 기도해 주기를 바랐다. 나는 오래전에 수도 전통에 따른 성독을 배운 이후 수시로 그 수행을 해 왔다. 성독 수행은 특히 산티아고를 걸을 때 하기에 아주 좋은 기도 수행법인 것 같다. 아침에 한 말씀을 택하면 하루 종일 그 말씀을 되새기면서 걷는다. 오늘 아침에 뽑은 말씀에서는, 가난한 과부의 동전 한 닢은 자기의 전 재산을 다 내놓은 것이기에 훨씬 값지다고 했다. 나는 주님 보시기에 내가 가진 것을 전부 바치지는 않는다. 그렇지만 나의 현재 조건에서 내가 이 길을 걷는 것은 남들보다 훨씬 더 희생을 감수하는 행위이다. 어쩌면 가다가 죽을 수도 있다. 물론 출발할 때부터 죽을 각오로 나온 것이나 마찬가지긴 하지만 말이다.

---

1. 성독(Lectio Divina): 수도 전통은 교회 안에 많은 훌륭한 유산들을 남겨 주었다. 특별히 수도승들은 성경을 온 마음으로 읽고 그것을 기억 속에 간직하여 하루의 다른 시간들에 끊임없이 되뇌임으로써 한 순간도 하느님의 말씀으로부터 멀어지지 않으려 노력했다. 이것이 바로 수도승 전통 안에서 행한 독특한 수행법인 렉시오 디비나, 즉 성독(聖讀)이다. 성독은 수도생활에 있어 어떤 부차적인 수행이 아니라 수도자들을 궁극 목표에로 직접 인도하는 수행이었기에 수도 전통 안에서 언제나 특별한 위치를 차지해 왔다. 이러한 말씀에 대한 성독 수행은 수도자들을 하느님께로 직접 인도하는 훌륭한 안내자의 역할을 하였다.(성 베네딕도회 왜관 수도원 허 가브리엘 신부 著『수도 전통에 따른 성독』)

메세타에서

　다친 가슴은 아직도 아프고 발바닥의 물집뿐만 아니라 발등과 발
목까지도 고통스럽다. 하지만 어떤 고통 속에서도 나는 이 길을 걸어
야만 한다. 걸으면서 '앞으로 나는 무엇을 할 것인가? 무엇을 하기 위
해 이 길을 걷고 있는 것일까? 이 길을 걷는 의미를 나는 지금 잘 알
고 있는가?'를 깊이 묵상해야 한다. 내일도 발바닥의 물집 때문에 많
이 힘들 것 같다. 주님, 어서 오사 저를 도우소서! ✝

26 주만 바라볼지라
프로미스타 – 카리온 데 로스 콘데스(거리 19.8km)

오늘은 주일이다. 이제 세 번째 주일을 맞이한다. 어제는 너무 힘들어 저녁 먹고 나서 바늘과 실을 이용해 발바닥 물집을 잡고는 그대로 자리에 누웠었다. 알베르게가 두 동인데 내 잠자리는 1층이고 화장실은 옆 동 2층에 있어서 밤중에 세 번이나 오르내리느라 힘들었다. 하지만 방이 쾌적하여 잠은 편안히 잘 수 있었다. 새벽에 잠을 깨니 어제 힘들었던 생각에 하루의 시작부터 긴장이 된다. 일찍 짐을 꾸려서 간호사 자매, 대학생 청년과 함께 6시에 출발했다. 오늘 코스는 차도와 숲길을 약간 걷다가 다시 차도로 이어지는 길이라고 했다. 잠시 걷다 보니 정말 다행으로 숲길이 나왔다. 하느님께 감사의 노래를 불렀다. 순례자에게 숲길과 아스팔트 길은 하늘과 땅 차이기 때문이다.

어제 너무 고생을 해서 오늘도 내심 걱정을 했는데 발바닥이 어제보다는 조금 낫다. 걱정했던 것보다 몸도 가볍다. 아침도 먹지 않고 출발했는데 별 무리 없이 걸을 수 있었다. 컨디션이 나름 괜찮아서인지 때로는 둘이 얘기도 나누며 걸었다. 발에 자꾸 돌이 들어가 어느 지점에서 쉬면서 돌을 털어 내고 둘이서 커피도 한 잔씩 마셨다. 어제보다는 몸도 마음도 다소 여유가 있다. 그렇다고 마냥 여유를 부릴 수

진리를 실천하는 이는 빛으로 나아간다.
자기가 한 일이 하느님 안에서
이루어졌음을 드러내려는 것이다.(요한 3,21)

는 없다. 다시 일어나 빠른 걸음으로 한참을 앞서서 걷고 있는데, 뒤 따라오던 외국인이 저기 뒤쪽에 한국인이 문제가 생겨 앉아 있더라며 나더러 빨리 가 보라고 한다. 혹시나 싶어 되돌아가 보니 간호사 자매 가 걸어오고 있었다. 너무 힘들어서 잠시 쉬고 있었더니 그래 보였나 보다고 한다. 외국인들은 사소한 것도 그냥 지나치지 않는다. 순례의 역사가 오래되다 보니 서로를 지켜 주는 배려가 몸에 밴 듯하다.

아무것도 먹지 않고 걷고 있는데 성당 이 보인다. 또 그 바로 앞에는 바가 있어 들어가 빈속을 채웠다. 다 먹고 나니 신 자들이 성전으로 들어가는 게 보여 나는 곧바로 따라 들어갔다. '진리를 실천하는 이는 빛으로 나아간다.'는 아침의 말씀이 떠올랐기 때문이다. 나는 바로 빛을 향 해 들어간 것이다. 같이 걷던 자매는 앉 았다 일어섰다 하기가 귀찮다며 그냥 밖 에 있겠다고 했다. 성전 안은 너무나 시

유일한 펌프 물

원하다 못해 춥기까지 했다. 주님의 집에 앉아 있다는 것만으로도 행복했다. 성전이 이렇게 편안하고 우리 영혼에 안식을 준다는 것이 새삼 고맙게 느껴졌다. 특히 영혼의 길을 걷는 순례자에게 진정한 쉼터를 제공해 주니 더없이 행복했다. 잠시 후면 땡볕에 아스팔트 길로만 걸어야 하는데도 나는 하나도 걱정이 안 되고 편안히 성체를 모셨다.

미사를 마치고 나와 보니 간호사 자매는 이미 가고 없었다. 이제 메세타 고원을 땡볕에 안내자 없이 혼자서 걸어야 한다. 하지만 걱정 없다. 나의 가이드는 항상 주님이시기 때문에 어디서든 안심하고 걸으리라. 나의 수호천사가 언제나 나와 동행하며 나를 인도하고 길을 안내하고 있다고 믿기 때문이다. 더구나 주일에 미사까지 했으니 그 기쁨이란 말로 다 할 수가 없다. 정말 땡볕에 바람 한 점 없고 머리 위로 내리쬐는 햇볕은 사람을 질식하게 만든다. 그러나 그것은 이 길을 걷고 있는 모든 순례자들이 다 같이 느끼는 고통이다. 주님께 이 모든 순례자들의 고통을 봉헌하고 우리가 세상에서 정말 주님의 뜻에 맞게 살게 해 달라고 기도한다. 내 옆으로 오토바이 수십 대가 굉음을 지르며 질주를 한다. 또, 수십 마리의 양 떼가 앞서가는 개와 목동을 따라 아스팔트 길 위에 똥을 싸 가면서 옆길로 새지도 않고 잘도 간다. 그들이라고 하늘에서 내리쬐는 태양의 열기가 고통스럽지 않으랴. 나 또한 목자이신 주님을 따라가는 어린 양일 뿐이다.

오늘은 걱정했던 것보다는 정말 쉽게 도착했다. 오늘 묵는 카리온 데 로스 콘데스Carrión de los Condes의 알베르게는 아침에 함께 출발했던 대학생 청년이 선택한 곳이다. 수녀님 같은 분이 안내를 하는데 잔소리는 많지만, 5유로에 쾌적하고 공간도 넓고 모두가 1층에 잘 수 있어 아주 만족스럽다. 침대가 2층으로 된 숙소의 경우 1층은 고개를 들 수 없어 불편하고, 2층 은 나로서는 오르내리기가 힘들어 공포의 대상이다. 저녁에는 근처 성당에서 순 례자들을 위한 주일 미사 도 있다고 하니 이보다 더 좋을 수 있겠는가? 저녁때 미사에 참석하니 수녀님들 이 노래도 불러 주고 뭔가 오랫동안 대담을 나누는데 무슨 말인지 전혀 못 알아 듣겠다. 안수도 해 주고 종

성당 미사 중

이로 만든 별도 선물해 주었다. 동방박사들이 하늘의 별을 따라 아기 예수님을 찾아간 것처럼 순례자들이 길을 잃지 말고 잘 보고 따라가 라는 뜻이란다. 한국 성당에서만 신자들이 봉헌금을 적게 내는 줄 알 았는데, 이곳 스페인에서도 대부분 동전을 내고 있다.

주님께서는 우리를 언제나 빛으로 이끌어 주신다. 그러나 우리는 그 빛을 보지 못하고 때로는 어둠 속으로 자청해서 들어가기도 한다. 이제 메세타도 4일 정도 남았다. 우리 모두 끝까지 무사히 건너갈 수 있기를 기도한다. 이 길의 끝에 고통을 이겨 낸 사람만이 맛볼 수 있 는 행복이 기다리고 있으리라. 천국도 마찬가지일 것이다. 세상에서 자기 십자가를 잘 메고 천국에 든 사람은 이런 행복감을 맛보리라. 이제 어떤 고통도 참아 낼 수 있을 것 같다. 내일도 걱정은 되지만, 모든 것을 주님께 맡기고 떠나리라. ✝

아스팔트와 나란한 순례길

끝없는 카미노길

27 두 손 들고 찬양합니다
카리온 데 로스 콘데스 – 레디고스(거리 23km)

오늘도 은근 걱정이 되었지만 어제보다 일찍 출발했다. 아침의 말씀이 내게 희망을 주는 것 같아 시작부터 왠지 기분이 좋았다. 하늘에서 무슨 상을 주시려나? 간호사 자매, 신학생 청년과 함께 셋이서 5시 반에 나오니 아직 이른 새벽이라 길 안내 화살표가 잘 안 보여 다른 사람들이 나올 때까지 기다렸다. 가을에 걸을 때는 새벽에 나오면 하늘에 별이 쏟아진다. 마치 까만 벨벳에 보석을 박아 놓은 듯 얼마나 아름답고 신비로운지 모른다. 그러나 지금 같은 봄에는 첫새벽이 아니면 별을 보기가 어렵다.

오늘따라 날씨가 약간 쌀쌀하다. 아침이라 그렇겠지 했는데 계속 시원하다 못해 쌀쌀하기까지 하다. 이런 날씨도 있는가 하면서 열심히 걸었다. 걷기에는 오히려 낫다. 이렇게 쾌적한 날씨를 앞으로 또 만날 수 있을까 싶을 정도다. 그동안 쨍쨍 내리쬐는 햇볕에 헉헉거리며 어떻게 걸었을까 싶다. 어제 지레 겁을 먹고 오늘 일정을 3km 정도 줄였는데, 이럴 줄 알았으면 더 걸어도 될 걸 그랬다. 내일부터는 또 비가 온다고 하는데 비 오는 날씨를 나는 무척 좋아한다. 메세타 고원에서 온갖 날씨를 다 경험한다. 정말 골고루 체험시킨다.

기뻐하고 즐거워하여라.
너희가 하늘에서 받을 상이 크다. (마태오 5,12)

출발은 같이 했지만 20대, 40대, 60대의 걷는 속도가 다 다르다. 나는 짐도 없는데 발바닥의 물집 때문에 걷기가 상당히 힘들다. 메세타에 들어서면서부터 계속 그 상태다. 그 전에는 발목만 아팠는데, 이제는 가슴 아픈 건 문제도 아니고 온 신경이 발바닥에 다 가 있다. 걷다가 조그만 돌조각 하나라도 들어가면 기함을 한다. 들어갈 때마다 매번 꺼내기도 뭐하고, 아픈데 안 꺼낼 수도 없고 이래저래 고통이다. 조심조심 빼내기도 하고 물집이 안 잡힌 곳으로 디디며 그냥 참고 걷기도 한다.

간호사 자매는 아침부터 기분이 조금 다운된 것 같아 보인다. 하지만 그런 것에 일일이 신경 쓰다 보면 나의 순례에 방해가 되기에 곧 관심을 거두었다. 나는 미리 부친 짐 때문에 오늘의 목적지로 예정했던 레디고스Ledigos의 알베르게에 신학생 청년과 함께 머물렀고, 그녀는 날씨 좋을 때 더 걷겠다며 다음 코스까지 바로 갔다. 점심이라도 대접하고 싶었지만 그러면 길이 처질 것 같다고 하여 간단히 수박 한 조각씩 먹고 헤어졌다. 먹고 싶었던 수박인데 마침 바에서 한 조각씩 팔고 있었다. 거의 일주일을 같이 있어 알게 모르게 정이 들었는지 헤어지자니 문득 섭섭해진다. 가장 어려운 구간을 함께해서 더 그랬는지도 모르겠다. 다행히 간호사 자매와 헤어진 후 대학생 수정이를 만났다. 천사들의 배턴 터치인가?

숙소에 들어와 보면 대부분 발에 테이프를 붙이고 발을 절며 걷는다. 누구나 겪어야 하는 고통이다. 나도 발바닥에 물집이 더 많이 잡혔는데, 이곳 레디고스는 아주 조그만 마을이라 약국도 없다. 이럴 때는 쉬어야 하는데 그럴 수가 없다. 남들도 다 겪는 것을 나는 조금 늦게 걷기 시작해서 하필 한참 어려운 구간을 걸을 때 이러고 있다. 날마다 바늘로 물집을 터뜨려 물을 빼야 하는데 겁이 나서 조금씩 뚫을 뿐이다. 간호사 자매가 제공해 준 실과 바늘, 밴드를 아주 요긴하게 쓰고 있다. 사실 당뇨 환자인 데다가 요즈음은 약도 먹지 않기 때문에 발에 이상이 생기면 걱정이 된다. 오늘은 큰맘 먹고 새로 생긴 곳을 뚫었더니 신기하게 물이 죽 나온다. 이제 아물기만 하면 된다.

신학생 청년이 내일 하루면 메세타의 중요한 길은 다 걷는다면서 내일까지만 걷고 모레는 기차를 타고 레온으로 갈 거란다. 나도 동행하기로 했다. 청년이 그동안 돈을 많이 써서 오늘 점심은 거르겠다고 하기에, 그러면 몸 상해서 안 된다고 하고 10유로에 빠에야[1]를 사 주었다. 내일은 어쩔 수 없이 걸어야 하고 그다음 날 레온에 가서는 무리하지 말고 조금 쉴까 한다.

여기서는 남의 도움을 바랄 것도 없고 또 기대해서도 안 된다. 그랬다가는 자칫 실망이 클 수도 있기 때문이다. 또 남에게 잘해 주려고 애쓸 필요도 없다. 도리어 부담을 주기 때문이다. 기회가 되면 망

---

1. 빠에야(Paella) : 쌀과 고기, 해산물, 채소를 넣어 만들며, 사프란이 들어가 특유의
   노란색을 띠는 스페인 요리

뛰노는 아이들

설일 것 없이 도움을 주고 그러기 싫으면 과감하게 안 해도 된다. 아침에 눈뜨면 자동으로 씻고 짐을 꾸려 걷는다. 하루 20-30km 여정을 걷고 나면 발도 떼기 싫으나 신기하게도 샤워하고 빨래하고 한숨 자고 나면 피로가 다 풀린다. 외국인들은 극도로 피곤해도 쉴 때는 노래하고 춤도 추고 난리다. 여자들은 알베르게에 도착하면 한잔하면서 크게 웃고 떠들기도 한다. 활력이 넘친다.

이 길에선 우리 한국의 젊은이들도 많이 볼 수 있다. 대부분 학생이거나 갓 직장을 다니다가 휴직을 했거나 뭔가 다른 일을 찾아보고자 순례길에 올랐다고 한다. 메세타를 동행하고 있는 신학생 청년과 오늘 만난 수정이도 그런 젊은이들이다. 이들 둘과 저녁을 함께 먹으며 이런저런 얘기를 나누었는데, 둘 다 대학 전공이 자신의 적성에 맞지 않아 이 길을 나섰다고 한다. 지금껏 만난 젊은이들을 보면 모

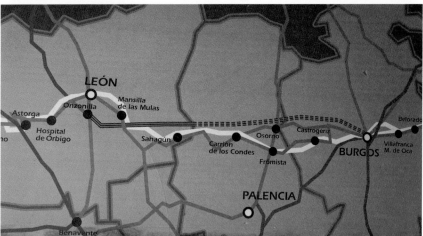

위 _ 아름다운 석양
아래 _ 부르고스에서 레온까지

두 출발 전부터 스마트폰 앱과 외국어, 체력 등 많은 준비를 해 왔는데 나는 아무 준비도 없이 와서 어떻게든 걷고 있다. 그런 모습 때문에 때로는 그들이 나를 놀리기도 하지만 한편 많이 놀라기도 한다. 아파하면서도 포기하지 않고 다소 느리긴 하지만 별 무리 없이 알베르게를 찾아오는 것에 놀라는 것이다.

이곳은 밤 10시가 넘어도 밖이 훤하다. 하지만 나는 그동안 밤에 밖에 나가 본 적이 별로 없었다. 그런데 오늘은 잠자리에 누웠는데 수정이가 갑자기 우리를 밖으로 불러낸다. 걷기 힘든데도 거절하기 뭐해 나가 보니 석양의 아름다움이 말로 다 표현할 수 없을 정도로 감동적이다. 우리 셋은 낙조의 황홀경에 취해 동네를 한 바퀴 돌았다. 덕분에 모처럼 대자연의 솜씨를 마음껏 감상했다. 자연의 선물이었다. 아침에 걸어올 때의 선선한 날씨에다 한밤의 석양까지 오늘의 말씀처럼 하늘에서 큰 상을 받은 것이다.

나는 매일매일 말씀에 희망을 걸고 걷는다. 그래서 많은 사람들과 함께하기보다 조용히 혼자 다닐 수도 있다. 떠나오기 전부터 다른 준비는 못했어도 기도를 많이 했다. 육체적으로는 무리지만 무언가에 이끌려서 온 순례이기에 무슨 일이 있어도 끝까지 가야 한다. 막막할 때마다 주님께서 천사를 보내 주시고 또 오늘처럼 아름다운 자연을 선물해 주셔서 나의 순례를 인도하신다. 이제 어려운 고비는 거의 지난 것 같다. 말씀을 읽고 묵상하는 데 더욱 집중해야겠다. ✝

유일한 나무 한 그루

28 소몰이 축제
레디고스 – 사아군(거리 17.3km)

아침에 나는 신학생 청년과 함께 내일 레온행 기차를 타기 좋은 사아군Sahagún을 향해 출발했다. 수정이는 기다려도 나오지 않아 우리만 먼저 떠났다. 5시 40분쯤 나왔는데 처음엔 괜찮더니 어느 순간 번개가 번쩍이고 하늘이 시커메지면서 갑자기 비가 쏟아지기 시작한다. 길에서 급히 비옷을 꺼내 입고 걷는다. 등 뒤쪽의 하늘에는 막 시작된 일출이 그지없이 아름답고, 앞쪽은 시커먼 하늘에서 비가 쏟아진다. 한참을 걸으니 쌍무지개가 떠오른다. 참으로 아름다운 풍경이다. 탁 트인 들판에서 앞쪽은 쌍무지개, 뒤쪽은 일출이라. 이런 광경은 처음이다.

도중에 신학생 청년에게, 나에게 신경 쓰지 말고 자신의 걸음대로 가라고 말했다. 일단 내가 앞서갔다. 메세타에서 안내자 없이 나 혼자 걷고 있다. 나중에 알고 보니 우리는 서로 다른 길을 걷고 있었다. 아무도 뒤따라오지 않는다. 그럴 때는 누군가 나타나기를 기다린다. 한참 만에 어떤 중년 남자가 나타나 자기도 길을 모르겠다면서 자신은 들판으로 갈 테니 나더러 도로로 가라고 한다. 예전에 레온에서 아스토르가까지 50km 이상을 걸은 적이 있어 아스팔트 길은 정말로

너희의 빛이 사람들 앞을 비추어,
그들이 너희의 착한 행실을 보고 하늘에 계신
너희 아버지를 찬양하게 하여라. (마태오 5,16)

피하고 싶었다. 그 자리에 서서 또 기다리니 두 명이 오는데 그들도 들길로 간다. 나도 그들을 따라나섰다. 절룩거리며 걷다 고개를 들어 보니 둘은 어느새 내 시야에서 사라졌다. 아무도 없는 벌판에서 약간 겁은 났지만 나의 보호자는 주님이시라는 것을 믿기에 기도하며 걸었다.

멀리 큰 마을이 보인다. 그것만으로도 큰 위로가 되었다. 얼마간 걷다 보니 아침에 헤어졌던 수정이가 보인다. 함께 걸어서 내가 머물고자 하는 알베르게까지 왔다. 마침 그녀가 순례 도중 만나 안면을 튼 청년들도 카페에 있었다. 오늘 저녁 이곳 사아군에선 평소에 말로만 듣던 소몰이 축제가 있단다. 그들도 축제에 참가하기 위해 여기서 묵겠다고 한다. 수정이도 이곳에 남기로 했다. 사실 신학생 청년과 둘만 있으면 별다른 대화도 없고 괜히 내가 신세를 지는 듯한 느낌이라 부담스러운데 수정이가 같이 있어 다행이다. 마침 이들은 둘 다 사진과 영상에 관심이 많았다. 관심사가 같다 보니 대화가 자연스럽고 덕분에 나도 좋은 시간이 되었다. 어제는 석양, 오늘은 일출과 쌍무지개. 아름다운 장면들을 두 젊은이 덕분에 담을 수 있었다. 점심도 간단히 바에서 셋이 함께 먹었다.

오늘 특별히 주님께서 내게 주신 말씀의 의미는 무엇일까? 나 같은 사람이 타인의 빛이 되어 그들이 그 모범을 보고 하늘에 계신 아버지를 찬양하게 하라고 하시는 것 같다. 주님께서 두 대학생을 내게 보내 주셨는데 나는 과연 이들에게 빛이 될 수 있을까? 한 명은 개신교 계열 신학교를 자퇴했고 여학생은 천주교 냉담자라고 한다. 이럴 때 내가 할 수 있는 일이 무엇일까? 나는 비록 많이 부족하지만 주님에 대한 믿음으로 이 길을 가고 있다고 했다. 수정이는 믿음에 대해 관심을 가지려는 모습이었고, 신학생은 기성세대에 대한 실망이 있어서 그런지 오히려 냉랭했다. 이 청년은 아무래도 개신교 성직을 추구하다 맞지 않는다고 그만두고 이 길을 택한 학생이라 여느 청년들과는 다르다. 청년이라도 전혀 편하지가 않다. 다른 사람들과 함께 있을 때와 나와 둘만 있을 때의 태도가 너무 달라 많이 불편했다. 정말 다행히도 그 어색함을 메워 주는 다른 이들을 계속 만났다. 오늘은 수정이가 그 역할을 잘해 주었다. 타인에게 빛이 되려면 누구를 만나서라도 먼저 나 스스로 편할 수 있고 또 상대방을 편하게 해 줄 수 있어야 할 텐데…. 이번 순례를 통해 새삼 확인한 나의 과제다.

오늘 이곳에서 젊은이들과 함께 난생처음으로 소몰이 축제를 보았다. 순례 중에 현지의 축제를 보게 되다니 역시 인생은 타이밍인가? 우린 소몰이 축제를 어떻게 하는지 모두 궁금해했다. 동네 끝 어느 지점에서 몇 마리의 소들이 튀어나오고 그 앞에서 마을 청년들이 달린다. 소도 사람도 흥분하여 미친 듯이 달린다. 어찌나 빠른지 위험해 보인다. 거리와 골목에는 구경하는 사람들을 보호하기 위해 나무 울타리를 둘러쳐 놓았다. 한국 청년들 6명 중 두 명이 함께 뛰다

소몰이 축제를 즐기는 사람들

가 그중 하나가 넘어졌는데 다행히 소들이 밟고 지나가지 않아 얼마
나 감사했는지 모른다. 짧은 순간이지만 오싹했다. 그 청년은 무릎과
손을 많이 다쳤는데, 약국이 축제 때문에 문을 닫았지만 마침 구급차
가 대기하고 있다가 치료해 주었다.

　이어 투우 경기장 같은 곳에서 마을 사람들이 악기에 맞춰 노래하
며 춤을 추고, 관람석 아래 운동장에선 마을 청년들과 소들 사이에
한바탕 싸움이 시작된다. 이곳 청년들은 평소에 훈련이 되어 소를 능
숙하게 다룬다. 부딪히려는 순간 잽싸게 허리를 틀어 피하고 정면으
로 소를 뛰어넘기도 한다. 그런데 우리 한국 청년 한 명이 여기에 또
도전을 한다. 22살에 이제 갓 군대를 제대했으니 패기가 넘쳤다. 날
쌘돌이처럼 요리조리 피하며 온갖 쇼를 벌이니까 구경하던 사람들이
박수를 치며 환호성을 올린다. 그 순간 청년이 달아나다가 소에 엉덩

좌 _ 소몰이 축제에 참여한 젊은 여성
우 _ 멋지게 소를 피하는 모습

이를 들이받혀 넘어졌다. 천만다행으로 소가 더 이상 들이받지 않고 딴 곳으로 간다. 우리는 모두 놀라 큰일 났다고 어쩔 줄 몰라 하는데, 한참 있다가 이 청년이 일어나더니 운동장을 한 바퀴 돌고 또 쇼를 한다. 그때부터 "코레아! 코레아!" 난리다. 이곳 사람들은 정말 정열적이다. 소몰이가 끝나고 청년들과 함께 바에 갔는데, 길목에서 사람들이 이 청년을 알아보고 모두 그냥 지나가지 않는다. 사진 찍고 끌어안고 심지어 헹가래까지 아주 인기 폭발이다. 그 덕에 우리도 행복했다.

　바에서도 축제의 열기는 식을 줄 모른다. 우리도 들뜬 기분으로 이런저런 대화를 나누었다. 나는 계속 청년들의 도움을 받고 있으니까 무엇이라도 대접을 해야 할 것 같았다. 부담이 가는 신학생 청년에게는 더 그랬다. 36, 28, 26, 24, 22살. 이런 나이의 청년들이다. 어른으로서 내가 음식값을 내 줄까 하다가 한편으론 이런 기회가 흔치 않으니까 이참에 이들의 문화를 보고 싶었다. 먹고 나서 계산을 어떻게 하는가 보니 각자 자기 먹은 것만 계산한다. 정확히 그렇게 하니까 남에게 신세 질 필요도 없고 미안할 필요도 없다.

늦게 알베르게로 돌아오니 독일인 여성 투숙객이 성악을 전공한 모양인데 축제 분위기에 취했는지 큰 소리로 수다를 떨며 노래를 불러 댄다. 남들이 자고 있어도 아랑곳하지 않고 떠들어 댄다. 나는 아픈 발을 손보려는데 약국도 문을 닫아 알코올을 구할 수가 없었다. 그녀가 발을 치료하고 있기에 조금 줄 수 없냐고 양해를 구했더니 자기도 조금밖에 없어서 안 된다며 나더러 약국에 가서 사라고 한다. 아, 이런 사람도 있구나 싶었다. 순례길에서 별의별 사람을 다 만난다. 밝게 웃는 사람, 냉담한 사람, 느긋한 사람, 애쓰는 사람, 깐깐한 사람, 푸근한 사람, 유쾌한 사람, 불편한 사람, 나누는 사람, 인색한 사람, 아파하는 사람, 도와주는 사람, 보고도 그냥 지나치는 사람…. 나는 그들의 눈에 어떤 모습의 사람일까? 어떤 사람이라야 나의 빛이 다른 사람들 앞을 비출 수 있을까?

이번에 이 길을 걸으면서 만난 많은 사람들이 내게 자꾸 묻는다. 그냥 걷기도 힘든데 왜 이 나이에 노트북과 카메라까지 가지고 왔냐고. 나는 글을 쓰고 싶고 책도 내고 싶다고 대답한다. 바람이 현실로 이루어질지는 아무도 모른다. 일단 발을 내딛고 보는 것이다. 순례를 하고 책을 낸다는 것이 남들에게는 평범한 일일 수도 있겠지만, 나에게는 왠지 꼭 그래야만 할 것 같은 급박함이 있다. 사실 지난번 순례 때도 혼자 정리를 해 두긴 했지만 책으로 내지 못한 아쉬움이 미련처럼 남아 있다. 나에게 있어서 매일매일은 보통의 날이 아니다. 날마다 주님의 현존을 느끼고 주님과 함께함을 감사하지 않을 수 없다. 그러기에 나의 순례기는 여정의 기록일 뿐만 아니라 주님께 바치는 헌사다. ✝

Camino de Santiago

CHAPTER 4

레온을 향하여

29 나는 얼마나 의로운가?
사아군 – 레온(거리 55.5km)

어젯밤에 노래를 불러대던 독일인 여성이 아침에 나에게 와서 알코올을 건네며 친구 것이 넉넉하니 좀 쓰라고 한다. 어제 일 때문에 기분이 상한 나는 됐다고 거절했다. 그녀는 마음이 편치 않았는지 나를 계속 지켜보다가 내 신발 끈이 너무 조여져 있다며 느슨하게 매라는 조언과 함께 끈을 좀 풀어 주면서 화해를 청하고는 아침에 작별 인사를 하고 떠났다. 나는 이곳에 와서 진정한 개인주의가 무엇인지 잘 보고 있다. 자기 것이 부족해서 남에게 줄 수 없으면 바로 거절한다. 우리처럼 내 쓸 것이 없어도 남의 청을 거절하지 못해 내 것을 내주고 혼자 속상해하지 않는다. 나는 이 길에서 이것을 많이 체험하고 있다. 닭죽 사건에서도 그랬고 한국 젊은이들과 메세타를 걸으면서도 가끔 그런 것을 느꼈다. 그러니 적당한 기회에 때맞춰 더 이상 신세 지지 않고 자연히 헤어진다. 오늘부터는 정말 나 혼자 해야 한다.

아침에 레온León 역에 도착하여 기차에서 내려 간단히 바에서 식사하고 알베르게를 찾아가야 하는데 혼자서는 약간 겁이 났다. 그래서 지금까지 함께 온 신학생 청년에게 나를 알베르게까지 데려다주

너희의 의로움이 율법학자들과
바리사이들의 의로움을 능가하지 않으면,
결코 하늘나라에 들어가지 못할 것이다. (마태오 5,20)

고 자기가 정한 호텔로 가도 되겠냐고 어렵게 물었더니 한마디로 거절이다. 이 학생도 이미 개인주의가 몸에 뱄다. '내 일이 아닌데 왜 내가 그곳까지 갑니까?' 이런 표정이다. 나도 이제 구글 지도를 이용하는 법을 배워 길을 찾자. 미련 갖지 말고 내가 할 수 있는 일을 찾아보자. 청년에게는 그간 몇 번의 식사와 간식도 대접했다. 그동안의 신세에 감사하고 미련 없이 헤어지자. 이런 일이 어디 한두 번인가?

구글을 들고 배낭을 메고 알베르게를 찾아 나섰다. 의외로 사람들이 길을 잘 가르쳐 준다. 오늘 내가 묵을 곳은 '프란치스코 알베르게'이다. 일찍 짐도 받아 주고 점심, 저녁 다 있고 미사도 볼 수 있어 너무 좋다. 짐을 풀어 놓고 레온 대성당을 한번 찾아가 보았는데 못 찾고, 장날을 만나 과일만 좀 넉넉히 사

위 _ 과일 노점상
아래 _ 풍성한 체리

왔다. 알베르게와 바로 붙어 있는 프란치스코 성당은 아주 친근감이 간다. 시간마다 미사가 있어 점심 전에 미사를 보았다. 맨 위에 예수님, 그 밑에 성모님과 프란치스코 성인이 모셔져 있다. 마음이 편안해진다. 잠시 묵상에 잠긴다. 의로움의 뜻이 무엇일까? '너희의 의로움이 타인의 의로움을 능가하지 않으면 결코 하늘나라에 들어가지 못할 것이다.' 아! 무서운 말씀이다. 정곡을 찌르는 말씀이다. 과연 나는 얼마나 의로운가? 주님 보시기에 흡족할까? 아니, 턱걸이나 할 수 있을까? 한시도 방심하여 허투루 살아선 안 되는 이유이다.

알베르게에서 점심을 7유로에 먹었다. 너무 풍성하여 다 먹을 수가 없다. 식사 후에 성경을 좀 보다가 내일 코스를 생각했다. 아무래도 아직 가슴과 발바닥의 부상이 있기에 당장 짐을 지고 걷는 건 좀 무리일 것 같아 내일도 차편으로 이동하자 맘먹고 혼자서 버스 타는 곳을 찾아가 보았다. 아침에 역 부근에서 버스 정류장 가는 표시를 보았기에 쉽게 찾을 것 같았으나 역시나…. 사람들에게 물어봐도 의사소통이 잘 안 되니 모른다고 한다. 그런데 자가용을 타고 가던 한 자매가 멀리서 듣고 경적을 울리면서 방향을 가르쳐 준다. 정말 놀랍다. 멀리서 내가 무엇을 찾는지 어떻게 알았을까? 덕분에 무사히 정류장에 도착하여 내일 아침 버스표를 끊었다.

이제 돌아가는 길은 방향을 가늠하여 질러가도 되겠지? 웬걸, 가다 보니 전혀 엉뚱한 길이다. 아침에 갈 때 보이지 않던 개천이 보인다. 4시경인데 몹시 덥다. 사람들에게 물어도 모른다. 어떻게 하지? 그때 어떤 노인이 지나가다가 알겠다고 하면서 자기를 따라오라고 하신다. 당신이 가던 길을 바꾸어 나를 데려다주시는 것이다. 그런데 따라가다 보니 전혀 아닌 것 같다. '아, 이거 큰일 났구나?' 싶을 때 눈앞에 프란치스코 동상이 보인다. 아침에 왔던 방향과는 전혀 다른 길로 왔다. 너무 감사해서 어쩔 줄을 모르겠다. 그 할아버지 얼굴은 바로 천사의 모습이었다.

'의로움'에 대하여 생각해 본다. 버스 정류장을 알려 준 자매는 이 방인을 위해 일부러 차를 멈추었고, 나를 데려다주신 노인은 당신이 가는 방향을 바꾸어 한참을 돌았다. 둘 다 모르는 체 그냥 지나쳐도 아무도 뭐라 하지 않을 텐데, 더운 날씨에 헤매고 있는 한 외국인을 돕기 위해 자신의 불편을 감수하고 수고를 아끼지 않은 것이다. 아침에 우리 청년의 모습과 대비가 되었다. 개인주의를 굳이 나쁘다 할 순 없지만 어떤 모습이 의로움에 더 가까울까? 다음에 나갈 때는 반드시 선물을 들고 다니다가 고마우신 분들에게 드려야겠다. '의로움'에 대한 말씀이 진정 마음속으로 파고드는 날이다.

저녁에 방에서 잠시 쉬다가 혹시 라바날의 수도원으로 연결할 길이 있을까 하여 사무실로 내려갔더니 뜻밖에도 한국인 여학생이 보인다. 어찌나 반가운지…! 몇 마디 인사를 나누었다. 이름은 '예규'이고 이대 환경과 4학년인데 교환학생으로 독일에 와 있단다. 공부를 미리 다 마치고 스페인 남서쪽 세비야Sevilla에서 올라오는 산티아고길 순례까지 마치고, 기분이 너무 좋아 남자 친구와 함께 팜플로나에서 레온까지 다시 자전거 여행을 했는데 10일 만에 도착했다고 한다. 다리를 만지니 탄탄하고 아주 건강미가 넘쳤다. 스페인어, 영어, 독어가 다 가능했다. 수도원 예약이 궁금해서 내려왔다고 하니 자기 휴대폰으로 바로 전화를 걸어 연결해 준다. 한국인 신부님이 받으시는데 예약은 안 되고 선착순이란다. 자리가 비어야 들어갈 수 있단다. 내일모레 그곳에 가서 만일 자리가 없으면 근처 알베르게에서 머물든지 떠

위 _ 레온 대성당(레온의 산타 마리아 카테드랄)
아래 좌 _ 성 프란치스코상 / 아래 우 _ 예수님상

나든지 해야 한다. 주님께서 허락하시면 그곳에서 피정을 할 수 있을 것이고, 아니면 다시 걸어야 한다.

간호사 자매, 신학생 청년, 수정이, 예규 양까지…. 한 천사가 떠나면 또 다른 천사가 찾아와 도움을 준다. 답례로, 낮에 사 둔 싱싱한 과일을 예규 양 커플과 함께 나누어 먹었다. 그러고 나서 프란치스코 성당에서 또 한 번 미사를 하고 다시 레온 대성당을 찾아 나섰다. 예전에 왔을 때 첨탑만 보고 돌아간 것이 너무 아쉬워서 이번엔 꼭 들어가 보고 싶었다. 아침에는 못 찾았는데 저녁엔 찾을 수 있었다. 하지만 너무 늦어 미사도 못하고 내부 구경도 못했다. 이번에도 밖에서만 올려다보았는데, 부르고스 대성당만큼은 아니지만 겉모습만으로도 대단했다. 예규 양은 100유로에 샀던 중고 자전거를 20유로에 판다고 대성당 앞에서 소리치고 있었다. 독일로 돌아가야 하기 때문이다. 하지만 결국 처분하지 못하고 떠났다. 오늘도 시내를 조금 걸었더니 가슴이 아프다. 발바닥은 거의 나은 것 같은데 발목은 아직 좋지 못하다. 내일은 주님께서 또 어떤 천사를 보내 주실까? 주님의 은총 안에서 감사를 바친다. ✝

30 화해와 용서를 구하옵니다
레온 – 아스토르가(거리 52km)

오늘 아침에는 느지막하게 준비하여 버스 정류장으로 갔다. 어제 버스표를 사러 나갔다 돌아오면서 길을 헤맸기에 아침부터 살짝 긴장이 된다. 아직도 배낭 무게가 버거운데 너무 빙빙 돌면 힘들기 때문이다. 그러다 혹여 버스라도 놓친다면 또한 낭패가 아닐 수 없다. 별일 없으면 15분 정도의 거리인데 다행히 잘 찾았다. 혹시나 싶어 버스 출발 시간보다 좀 일찍 나왔더니 1시간 30분 이상을 기다려야 한다. 라바날로 바로 가고 싶었지만 물어봐도 거기까지 가는 버스는 없다고 한다. 아스토르가Astorga행 버스에 올랐다. 50km가 조금 넘는 거리인데 요금은 3.8유로다.

버스를 타고 오면서 예전 생각이 많이 났다. 지난번 순례 때 나는 레온에서 J양과 헤어진 후 이틀에 걸쳐 혼자 이 길을 걸었다. 아무것도 모르는 채 그것도 땡볕에 아스팔트 길로만. 먹을 것도 없고 바도 없었다. 그 길로 지금 버스가 달린다. 그때의 고생에 비하면 오늘은 차라리 호강이다. 달리는 버스의 미세 진동을 타고 사르르 졸음이 몰려온다. 눈은 자꾸 내리감기는데 그때의 추억을 돌아보기 위해 안간힘을 쓰며 창밖을 내다보았다. 이따금씩 걷는 사람들이 보인다. 그래

예물을 거기 제단 앞에 놓아두고 물러가 먼저 그 형제와 화해하여라. (마태오 5,24)

도 그들은 아스팔트가 아니라 도로 옆으로 나란히 난 숲길을 걷고 있다. 차도 흔들리고 사람도 흔들리고 풍경도 흔들리고 추억까지 아련히 흔들린다.

마침 오늘 묵을 아스토르가의 알베르게는 그날 내가 초주검이 되어 들어갔던 바로 그곳이다. 그때 난 온몸이 너무 아파 움직일 수가 없었다. 누군가 주고 간 한 알의 진통제를 먹고 잤는데 하필 내 옆에 코를 엄청 심하게 고는 사람이 있어 잠을 한숨도 못 이루고 다음 날 버스를 타고 사리아로 넘어갔던 기억이 난다. 그때 J양과 헤어진 후 혼자서 매일매일 긴장의 연속이었지만 어쩌면 그제야 비로소 진정한 순례가 시작되었다고도 볼 수 있다. 혼자라는 두려움 속에서 혼자서도 할 수 있다는 작은 자신감을 얻었었다. 그때의 경험이 이번 순례의 밑천이 되었다.

이번에 나는 마음속에 주님을 모시고 말씀 안에서 진정한 순례를 해야 한다. 걷는 것에 의미를 두기보다 말씀에 주안점을 두어야 한다. 이제 아는 사람도 없고 혼자 조용히 말씀에 묻힐 수 있을 것 같다. 오늘 아침의 말씀은 '화해和解'이다. 화해에는 '불화不和'가 전제되어 있다. 내 안에서 아직 거부되는 사람들…. 마음속에 불화를 담은 채 겉으로만 화해할 수도 있다. 얼굴에 짐짓 웃음을 띠고 마음에 없는 좋은 말로 화해를 청할 수도 있다. 마음만 먹으면 이런 화해는 얼마든지 할 수 있다. 하지만 그게 진정한 화해일까? 그렇게 하기는 싫다. 그것은 웃는 낯으로 내면의 불화를 포장하는 것일 뿐이다. 중요한 것은 진정성이다. 즉, 화해는 '내면에서부터의 불화의 극복'이라 할 수 있다. 그리하여 내 영혼이 거리낌 없이 자유로울 때 진정한 화해가 이루어지리라. 그러나 한편으로 화해는 '결단'이다. 주님께서는 당신을 경배하기 전에 먼저 화해부터 하라 하신다. 마음이 하느님을 모시는 성전이니 그 안에 불화를 담아 둘 수는 없다. 그러니 '먼저 화해하라.'는 말씀으로 결단을 촉구하시는 것 같다. 주님 안에서 진정한 화해가 무엇인지 더 깊이 묵상해 봐야겠다.

알베르게에 도착하여 짐을 풀고 잠시 쉬다가 아스토르가의 명소인 주교궁Palacio Episcopal과 산타 마리아 대성당을 각각 3.5유로씩 내고 관람했다. 가우디가 건축한 주교궁은 현재 카미노 박물관으로 사용되고 있어 많이 궁금했는데, 외양은 정말 아름다웠으나 전시물들은 기대 이하였다. 하지만 가우디 건축의 특성은 엿볼 수 있었다. 그 참모습을 보려거든 바르셀로나의 성가족 대성당을 보라고 한다. 언젠가 내게도 그럴 날이 오겠지…. 산타 마리아 카테드랄은 예전에 김대건 신부님 축일 미사를 드렸던 곳이라 기억에 오래 남아 있다. 오늘 갔을 때는 미사 시간이 아니라 문이 잠겨 있었는데, 입장료를 내고 쪽문으로 들어가 다시 둘러볼 수 있었다. 감회가 새롭다. 저녁에는 이글레시아에서 미사도 볼 수 있었다.

점심을 제대로 챙겨 먹지 않았더니 배가 고프다. 인근 레스토랑에

위 _ 아스토르가의 산타 마리아 카테드랄

아래 _ 카테드랄 주제단

주교궁(카미노 박물관)

서 순례자 메뉴가 15유로인데, 예전엔 알베르게에서 할인 쿠폰을 주더니 오늘은 그게 없다. 그리고 그곳은 식사하러 들어오는 순서대로 모르는 순례자들끼리 짝을 지어 앉히는데 영어를 못하니 그 자리가 몹시 어색하다. 그래서 오늘 저녁은 레스토랑에 가지 않고 바에서 혼자 토마토 스파케티를 먹었다. 저녁을 먹고 나오다가 반가운 미국 청년들 콜트와 캘러핸을 또 만났다. 나의 예쁜 천사들이다. 그들에게 이곳 특산품인 초콜릿과 남아 있는 한국 매듭 한 쌍을 사랑의 표시로 주었다.

길에서 아는 사람을 또 만났다. 전에 시수르 메노르에서 짜장밥을 같이 해 먹었던 한국인 부부였다. 아내분은 살갑게 인사를 하는데, 남편분의 인상이 별로 반가워하지 않는 눈치라 다소 마음의 불편함을 느낀다. 오늘 말씀의 주제 '화해'를 생각했다. 어제 레온에서 불편하게 헤어진 신학생 청년에게도 문자를 보냈다. 별로 그러고 싶진 않았지만 내 마음의 화해를 위해서 보냈다. 불화를 풀어내기 위한 작은 결단인 셈이다. 주님께서는 마음의 조그만 어둠도 다 밝게 해 주신다. 오늘 라바날까지 바로 가고자 했으나 버스 편이 없어 할 수 없이 이곳에 머물렀는데, 주님께서 내게 진정한 '화해'가 무엇인지 깨닫게 해 주시려고 그랬나 보다. 문득 유영철에 의해 일가족 세 명을 살해당한 고정원 씨의 '용서'가 떠오른다. 용서는 화해의 보다 적극적인 표현이다. 극단적 상황에서 그는 어떻게 가해자를 용서할 수 있었을까? 성령의 도움이 아니고서는 도저히 불가능하리라. 같은 맥락에서 화해 또한 진정 그 마음을 일으켜 주십사 주님께 청하는 '간절한 구함'이 꼭 있어야 할 것 같다.

  '화해'에 대한 깊은 묵상으로 나름의 답을 얻고 나니 이제 내일 라바날로 어떻게 갈 수 있을까 걱정이 된다. 기억을 더듬어 버스 터미널을 찾아갔더니 내일 아침 그곳으로 가는 버스가 있다고 일러 준다. 아니 어떻게 이럴 수가? 오늘 아침까지도 계속 없다고 했는데…. 말씀이 풀리니 현실의 어려움도 함께 풀린다. 놀랍고 신기하다. 안팎으로 함께 해결해 주시는 주님, 감사합니다! 편안한 마음으로 돌아와 잠을 청한다. 오늘은 배낭을 조금 졌는데도 가슴이 아파 잠을 못 이룬다. 이런 상태로는 배낭을 지고 걸을 수 없다. 전에 간호사 자매가 이렇게 계속 무리하게 배낭을 메면 갈비뼈가 붙지 않는다고 했는데…. 일단 다 잊고 푹 자자. 내일이면 주님께서 또 놀라운 답을 주시리라. ✝

31 주님 나를 부르셨으니
아스토르가 – 라바날 델 카미노(거리 22.2km)

아침에 마을버스 비슷한 것으로 가까스로 라바날 델 카미노 Rabanal del Camino[1]에 도착했다. 겨우 수도원을 찾아 그 앞 길 위의 벤치에 앉아 성경을 읽으며 무작정 기다렸다. 운 좋게 문 앞에서 수도원 소속의 한국인 인영균 신부님을 만났다. 이틀 전 레온에서 머물 때 예규 양의 도움으로 통화를 했던 바로 그 신부님이다. 순례자 담당인데, 지금 한국인 세 명이 묵고 있어 수도원에는 자리가 없단다. 그 사람들이 떠나야 자리가 난단다. 그래도 나는 이곳에서 기다리겠다고 했다. 그러니 저녁 7시 기도 시간에 와 보라고 하신다. 그러기로 하고 일단 가까운 알베르게에 짐을 풀었다. 어쩌면 일이 잘 풀릴 것도

---

1. 라바날 델 카미노 : 라바날 델 카미노에 관한 최초의 자료는 8세기경 이곳에서 카를로 대제의 기사인 카르타고의 안세이스와 사라센 공주 가우디세의 전설적인 결혼이 이루어졌다는 것이다. 11–12세기경, 라바날 델 카미노는 산티아고 순례의 활성화와 템플기사단의 존재라는 두 가지 요소에 힘입어 성장하였다. 레온 산맥의 입구에 있어 산을 넘기 전 이곳을 찾는 순례자들을 따뜻하게 접대하고 이 큰 산을 넘는 순례자들을 강도로부터 보호하기 위해 폰페라다에 본부를 둔 템플기사단의 전초기지가 이곳에 있었다.(홍사영 신부 著『산티아고 길의 마을과 성당』기쁜 소식, 2015년, p.195–196)

네 오른손이 너를 죄짓게 하거든
그것을 잘라 던져 버려라. (마태오 5,30)

같다. 뜻이 있는 곳에 길이 있다 했으니 분명 방법이 생길 것이다.

　이곳 알베르게는 그야말로 시골 풍경이 가득하다. 정원도 소박하고 쉴 곳도 아주 많다. 무엇보다 내가 글도 쓰고 성경도 읽을 수 있는 공간이 많다. 라바날에서 3일쯤 머물 생각인데, 쉬면서 말씀을 읽고 묵상하며 회복과 충전의 시간을 가져야겠다. 그동안 시편을 다 읽을 수 있을 것 같다. 마침 가까이에 수도원 산하의 이글레시아가 있어 들어가 보니 지금까지 본 성당 중 가장 초라한 모습이다. 벽도 다 떨어지고 아무 장식품도 없이 예수님 십자고상만 있었다. 그런데 너무나 편안하게 느껴지고 진정 내가 머물 곳이란 생각이 들었다. 시원하기도 하고 아무도 없어 기도하기도 너무 좋다.

　오늘의 말씀은, 만일 너로 하여금 죄를 짓게 하거든 그것이 오른손이든 오른쪽 눈이든 없애 버리라고 한다. 끔찍할 정도로 무서운 말씀이다. 죄를 짓는 것에 대한 경계가 섬뜩하리만큼 엄하다. 하느님의 자녀로서 정말 이제는 죄의 굴레에 빠지고 싶지 않다. 대책 없이 떠나왔지만 주님께서 일일이 보살펴 주셔서 순례를 이어 올 수 있었다. 영어, 불어, 스페인어 다 못해도, 문명의 이기를 사용할 줄 몰라도 여기까지 왔다. 어려움에 처할 때마다 주님께서는 때로는 외국인, 때로는 한국인 천사를 보내 주셨다. 가끔 불친절하고 이기적인 사람들, 한국인 만나기를 일부러 피하는 우리 청년들도 있었지만 전혀 개의치 않기로 했다. 마음으로 말로 행동으로, 혹시 내가 모르는 사이에라도, 죄를 짓지 않기만을 바랄 뿐이다.

지금까지 거의 매끼를 사 먹었다. 다른 이들처럼 만들어 먹고 싶어도 그럴 수가 없다. 오늘도 무엇을 먹을까 하다가 만만한 게 보카디요[1]라서 시켰더니 하몬[2] 때문에 너무 짜다. 억지로 콜라와 함께 먹었다. 알베르게 투숙객 중에 브라질인 부부가 있었는데, 마침 남편 되는 이가 근처 슈퍼에서 간단히 재료를 사 와서 부엌에서 요리를 하고 부인은 그 옆에서 구경을 한다. 솜씨를 보니 보통이 아니다. 몇 가지 안 되는 재료로 뚝딱 점심을 만들어 낸다. 그 부인이 나더러 같이 먹자고 한다. 나는 일전에 한국인 모자에게 먹을 것을 좀 청했다가 거절당한 후로 쉽게 남의 것을 먹으려 하지 않는다. 그런데 오늘은 그 마음이 고와서 이미 끼니를 때웠음에도 접시를 내밀었다. 조금 맛만 보았지만 그래도 낯선 이에게 선뜻 먼저 권하는 그 마음이 너무 고맙게 느껴진다. 슈퍼에 가 보니 그들이 사 온 재료가 있었다. 가격은 3-4유로 정도인데 사 먹는 식사보다 훨씬 싸고 풍성하다. 가슴을 다치고 발바닥 물집까지 겹쳐 지금껏 주변을 돌아볼 수 없었다. 한쪽 발에만 힘을 주어 걸었더니 발목이 몹시 아프다. 이곳에서 3일 정도 쉬면 온몸의 리듬이 정상으로 회복될 것 같다. 그러면 나도 식재료를

---

1. 보카디요(bocadillo) : 바게트 안에 햄, 치즈, 야채 등을 넣은 샌드위치
2. 하몬(jamón) : 돼지 뒷다리의 넓적다리 부분을 통째로 잘라 소금에 절여 건조·숙성 시켜 만든 스페인의 생햄

사다가 직접 만들어
먹어야겠다.

라바날 알베르게

저녁 무렵 내가 묵
고 있는 알베르게로
현숙 양이 들어온다.
아는 얼굴이라 어찌나
반가운지…. 둘의 식
재료를 합쳐 함께 부
대찌개를 끓여 저녁밥
을 해 먹었다. 식사 후
에 현숙 양을 데리고
저녁 기도에 갔다. 9시 30분에 기도를 마치고 신부님께서 현숙 양과
나의 수도원 체류를 허락해 주셨다. 원래 한국인 3명, 외국인 2명만
받는데 이날은 원장 신부님이 출타하셔서 인 신부님 재량으로 특별
히 우리 둘을 더 받아 주신 것이다. 현재 묵고 있는 자매들이 사정이
있어 더 오래 머물 것 같아 어쩔 수 없이 떠날 생각을 하고 있었는데,
성령의 도움으로 신부님께서 마음을 바꾸신 것이다. 현숙 양은 가톨
릭 신자는 아닌데 신부님과 면담을 하고 싶어 잠시만 머물길 원했으
나, 이곳 규정상 들어오면 이틀은 있어야 한다. 일정상 그렇게까지
머물 여유는 없다며 떠나려고 하는 걸 내가 붙잡았다. 오늘 밤은 알
베르게에서 자고 내일 아침에 수도원으로 옮기기로 했다. 며칠 수도
원에 머물기로 정해지니 마음의 여유가 생긴다. 필요한 때에 필요한
것을 마련해 주시는 주님, 감사합니다! ✝

32 내 영혼 깊은 그곳에
라바날 델 카미노 2일차

수도원의 아침 기도가 7시 30분인데 알베르게 바로 옆이라 여유 있게 준비해서 가벼운 마음으로 숙소를 옮겼다. 나는 이곳 수도원에서 시편을 다 읽고 떠날 작정이다. 아침 기도와 미사를 봉헌하고 숙소를 배정받아 한숨 자고 일어나 시편을 읽었다. 전에는 시편 말씀이 마음에 와 닿지 않았는데 이번에는 체험이 많아서인지 비교적 잘 들어온다. 지금 한국에서는 남동생 세 명이 오랜만에 만나고 있다. 각자 나름의 어려움은 있지만 모두들 하느님을 조금씩 알아 가고 있으니 앞에 놓인 과제들을 능히 해결해 나갈 수 있으리라 믿는다.

아침에 커피와 빵을 먹었는데 아무것도 하지 않는데도 배가 고프다. 그동안 제대로 챙겨 먹지 않아 그런가 보다. 2시에 점심을 먹는데도 배가 너무 고프다. 양배추 요리, 닭고기, 채소 샐러드, 멜론, 포도주…, 너무 맛있고 귀한 대접을 받고 있다. 식후에 그동안 걸어온 길, 앞으로의 노정, 한국에 돌아가서 해야 할 일 등에 대해 묵상했다. 이제 20일 정도 남은 것 같다. 아직도 가슴이 아파 배낭을 메고 가기가 어렵다. 발목은 견디기 힘들 정도로 아프다. 이곳 스페인은 오후 2시부터는 정말 덥다. 건물 안에 있어도 이렇게 더운데 이 시간까지

너희는 말할 때에 '예.' 할 것은 '예.' 하고
'아니오.' 할 것은 '아니오.'라고만 하여라.
그 이상의 것은 악에서 나오는 것이다. (마태오 5,37)

밖에서 걸으면 인간의 한계를 느낀다. 가능하면 새벽부터 걸어서 12시 안에 마쳐야 한다. 며칠 전에는 미국 청년들이 자정에 출발하는 것도 보았다. 아침에 숙소에 들어와서 자고 쉬고 하다가 햇기가 없는 한밤중에 걷는 것이다. '나도 그래 볼까?' 하는 생각도 해 봤지만…, 선뜻 내키진 않는다.

이곳 수도원에는 사람들이 남기고 간 글들이 많이 있다. 인간의 감정들은 대동소이한 것 같다. 어려움을 이기러 온 사람들, 길을 걷다가 어려움을 당한 사람들, 돈이 떨어져 들어온 청년들, 나처럼 순례 도중에 다친 사람들…. 언니가 발목 인대가 늘어나 병원에서 치료받고 나서 동생이 수발을 들며 이곳에 머무는 자매 순례자도 있다. 이 자매는 한국에서 1년 전부터 많은 준비를 해서 회원들을 모아 신부님까지 모시고 인솔자로서 함께 순례를 왔단다. 그런데 그 유명한 베드버그bedbug, 빈대에 물려 병원에 가서 약을 처방받아 먹었는데, 약에 취해 걷다가 풀숲에서 발목을 접질리는 바람에 인대가 손상되었다고 한다. 도저히 걸을 수가 없는데 다행히 이 수도원을 알아 신부님의 특별 배려로 머문다는 것이다. 그러니 이분들 때문에 다른 사람들은 들어올 기회가 없는 것이다. 신부님 왈 "이곳에는 아픈 사람만 오는 가?" 하신다. 우리는 운 좋게 규정 외로 받아 주셨다.

오후에는 7명의 순례자와 신부님이 모여 지금까지의 순례 경험과 앞으로 남은 순례에 대하여 신앙인으로서 얘기를 나누었다. 신부님은 이미 작년 10월에 순례를 했고, 그 진한 체험을 바탕으로 이곳에서 모든 순례자의 어려움을 덜어 주고 해결해 주는 역할을 하고 계신단 다. 내 경험도 들려주었다. 초반에 넘어진 것 때문에 처음에는 너무 비참했지만 갈수록 모든 것에 조심할 수 있었고 또 내 모습을 돌아볼 수도 있었노라고. 다른 사람들의 순례 체험도 들을 수 있는 유익한 시간이었다. 또한 미사와 기도 시간, 침묵 속에서의 식사 등은 나의 신앙생활을 다시 한 번 되돌아볼 수 있는 계기를 만들어 주었다.

여러모로 대접이 융숭하다 보니 괜히 부담이 된다. 수도원에서 이 틀을 묵을 예정인데 갈 때 숙박비를 얼마나 내야 할지에 대해서 속을 좀 끓였다. 여태까지 중에서 최고의 대접을 받으며 정말 편안하게 잘 쉬었으니 당연히 최고의 예물을 드려야 하는데, 이곳은 시골이라 은 행이 없어 돈을 찾으려면 어디까지 가야 할지도 모르겠고 쓸 돈도 얼 마 남지 않아 괜히 불안했기 때문이다. 다른 투숙객들에게 물어보아 도 형편대로 내자고만 하며 액수는 밝히지 않는다. 모레 함께 떠날 카미노 친구에게 같은 금액으로 내자고 했더니, 자기는 알아서 낼 테 니 나도 알아서 내라고만 한다. 많은 돈을 드리지 못하니 괜히 마음 이 무거워진다. 아직 이런 것에 자유롭지 못한 내 모습이다.

오늘 말씀의 의미는 무엇일까? '예.' 할 것은 '예.' 하고 '아니오.' 할 것은 '아니오.'라고만 하라 하신다. 보태지도 부풀리지도 둘러대지도 말고 거짓 없이 있는 그대로만 말하라는 말씀인가? 말로 하나 안 하나 하느님께선 다 아시니 주님께는 그럴 수밖에 없다. 하나 사람들 사이에서 그랬다간 별소리가 다 나올 텐데. 모가 났느니, 딱딱하다느니, 재미가 없다느니, 인간미가 없다느니…. 보통 사람들의 대화에는 농도 있고, 어깃장도 있고, 겉말도 있고, 놀리느라 부러 거짓말도 한다. 악의 없이 하는 이런 말까지도 다 악에서 나온 것일까? 경계가 애매하다. 겉으로 뱉는 말과 속으로 품는 마음까지 다 하

위 _ 수도원 성당 앞
아래 _ 라바날 베네딕도 수도원

느님의 기준에 여지없이 들어맞고 싶다.

8시 30분에 저녁 먹고 9시 30분에 밤 기도하고 방으로 들어왔다. 시골의 수도원에 사람도 얼마 안 되니 조용하기 이를 데 없다. 잠이 오지 않아 혼자서 불을 켜 놓고 시편을 읽었다. 밤 10시가 넘어도 밖이 비교적 훤하다. 내 옆자리에 있는 캐나다인은 전직 수사라는데 코를 씩씩 불어대며 잠을 잔다. 이 조용한 수도원에서 그 소리만 요란하다. 다들 자는 밤에 나만 화장실을 들락거렸다. 자는 동안 내 몸과 마음, 영혼 깊은 곳까지 두루 주님의 손길이 임하시길 바란다. 평안의 밤, 회복의 밤이 되었으면 좋겠다. ✝

33 샘물과 같은 성혈은
라바날 델 카미노 3일차

아침에 늦게 일어나 기도로 하루를 시작한다. 시편 마지막까지 다 읽고 발목에 뜨거운 수건으로 찜질도 해 보고 수도원에서 산 약도 발라 본다. 그런데도 걷기에는 아직 불편하다. 12시 반에 수도원 이글레시아에서 주일 미사가 있어서 갔더니 성체 성혈 대축일을 정말 거룩하게 지낸다. 믿는 자에게 영원한 생명을 주시기 위해 주님께서는 당신의 살을 먹고 피를 마시게 하셨다. 미사에서 성체와 성혈을 마시고 미사 후 마을을 돌며 성체 거동을 진행했다. 앞에는 악대를 세우고 뒤에는 출타했다 귀임하신 원장 신부님과 두 명의 사제가 성체를 모시고 온 마을을 행진한다. 중간에 동네 한복판에서 상을 차려 놓고 잠깐 예식을 행하기도 했다. 그 후 마을의 큰 성당에 들어가 함께 조배하고 다시 돌아와서 베네딕도 수도원 성당에서 예절을 마쳤다. 정말 행복한 시간이었다. 카메라와 핸드폰을 들고 따라다녔는데, 거룩한 행렬의 의미를 모르고 공연히 사진이나 찍는다고 할까 봐 약간 신부님의 눈치가 보였다. 아직도 남의 눈치에서 벗어나지 못하는가 보다.

어제 하루 종일 쉬었는데도 여전히 가슴과 발목이 아프다. 어쩌면

이 빵을 먹는 사람은 영원히 살 것이다. (요한 6.58)

나는 끝까지 순례다운 순례는 못하고 반쪽짜리 순례를 하다가 돌아갈 지도 모르겠다. 벌써 두 번째 순례인데도 두 번 다 제대로 된 순례는 못하는 것 같다. 단 한 코스도 빼먹지 않고 교통수단도 이용하지 않고 오로지 목적지를 향해서 걷는 사람들도 많은데 나는 출발부터 무슨 일인지 넘어졌다. 벌써 한 달째인데 아직도 몸은 영 그렇다. 나의 한계를 인정해야만 한 다. 그래도 나는 끝까 지 완주할 것이다. 남 들처럼 씩씩하게 걷지 는 못하지만 그 대신 순례 도중에 성경도 자주 들여다보고 내 나름으론 묵상도 한다 고 했다. 어제는 인영 균 클레멘토 신부님 의 산티아고 체험담을

소박한 수도원 성당

위 _ 성체 성혈 대축제

가운데 _ 성체 거동

아래 _ 성체 거동 행렬에 함께한
　　　　마을 사람들

인영균 신부님과 함께

위 _ 베네딕도 수도원의 호랑가시나무
아래 _ 묵상용 호랑가시나뭇잎

들으면서 '특별한 분들은 더 큰 고통을 받는 것 같다'는 생각을 했다. 그럼 나도 특별한 축에 들어가는가? 어쨌거나 나는 다친 것에 대해서 정말 겸손히 받아들여야 한다. 아직도 교만이 넘치지만 넘어져 다치는 그 순간엔 거대한 교만 덩어리가 순식간에 박살이 나는 것 같았다. 겸손 또 겸손할 일이다.

이곳 수도원에 있는 호랑가시나무의 잎은 나에게 커다란 묵상거리를 제공해 주었다. 맨 아래쪽에는 영양이 부족하여 잎 모양이 뾰족하고, 올라갈수록 영양이 충분하여 잎 모양이 둥글다. 나의 영성 생활도 상처가 많을 때는 스스로 정화가 되지 않아 수없이 나와 남을 찌르지만, 내가 차츰 정화되어 내 모습을 바로 보게 되면 언젠가는 둥글둥글해지리라 기대해 본다. 내 삶에서 영양이란 다름 아닌 말씀이다. 복음이 내 삶의 좌표요, 내 생명의 뿌리다. '내 살은 참된 양식이고 내 피는 참된 음료다.'(요한 6,55) 나를 살릴 수 있는 것은 성체와 성혈과 주님의 말씀이다. 근본에서 멀어지려 할 때마다 이 나뭇잎을 생각하며 내 모습을 돌아보리라.

라바날에서 사흘간 잘 쉬었다. 충분히 회복되지는 않았지만 일단 내일부터는 다시 걷는다. 오늘, 전에 순례 중에 만나 알게 된 한 청년이 "내일은 아주 힘든 코스이니 하루 더 버스로 이동하세요." 했는데, 나는 "아니. 이제부터는 걸어야 해."라고 대답했다. 아직 배낭을 메는 것까지는 자신이 없으니 짐은 부치고 가볍게 걸을 것이다. 지난 과정을 정리하며 재충전까지 했으니 앞으로의 순례가 더 알찰 수 있기를 바란다. 이제부터의 일정이 상당히 중요할 것 같다. 어쩌면 남은 내 인생이 여기에 달려 있을 것도 같다. 하느님의 자녀로서 어떤 사명에 복무해야 할까? 이 화두에 답을 찾을 수 있기를! ✝

34 산을 넘다
라바날 델 카미노 – 몰리나세카(거리 25.9km)

어제까지 수도원에서 이틀 묵었고 앞서 하루 대기한 것까지 총 3일간 라바날에 머물렀다. 새벽 5시에 처음으로 별들을 보면서 출발했다. 현숙 씨와 둘이 수도원에서 나와 걷기 시작했다. 무릎 보호대도 비옷도 배낭 속에 넣어 둔 채 아무 생각 없이 나왔다. 짐을 부칠 생각으로 어젯밤에 수도원 옆의 바에다 옮겨 놓았던 것이다. 오늘 코스는 산길이다. 캄캄한 새벽이라 아무것도 안 보이는데 계속 오르막이고 자갈길이다. 그 힘들다는 메세타도 넘었는데 까짓 이 정도야 싶었다. 아직도 교만이 꿈틀꿈틀 살아 있다.

등 뒤로 서서히 해가 뜨기 시작한다. 예전에 새벽에 나 혼자 산길을 넘다가 무서워 죽을 뻔한 적이 있는데 그런 비슷한 곳이다. 짐승들 울음소리도 들린다. 혼자였다면 꽤나 두려웠을 텐데 둘이라서 다행이다. 어느덧 넘실넘실 해가 떠올라 사방이 환해졌다. 현숙 씨는 먼저 보내고 나 혼자 걷는다. 이제 모든 것을 훌훌 벗어던져 버리고 자유를 만끽하면서 걷자. 조금 있으니 수도원에서 함께 묵었던 젬마 씨도 다친 언니를 혼자 두고 신나게 잘 걷는다. 내 옆에서 코를 엄청 골던 전직 수사님도 따라온다. 아직 아침이라 기운이 넘쳐서인지 아니면 며

악인에게 맞서지 마라.(마태오 5,39)

칠 잘 쉬어서인지 모두들 "부엔 카미노!"를 외치며 잘도 걷는다.

발목은 여전히 아프다. 어제 받은 파스를 붙이고 진통제도 먹었는데 소용이 없다. 아침 복음 말씀이 무슨 뜻일까? 자꾸 마음에 걸린다. 나 자신이 악인이 될 수도 있는데…. 수도원에서 나올 때 처음에 생각했던 만큼의 액수를 봉투에 두고 나왔다. 적당하다 싶기도 하고 한편 너무 많이 냈다는 생각도 들었다. '하느님 일에 바치는 돈을 두고 이것저것 재고 있는 나 자신이 악인인가?' 하는 생각까지 했다. 마음에 먹장구름이 드리운다. 고개를 들어 보니 하늘에도 먹구름이 끼어 있다. 어제 누군가가 분명 계속 해가 비칠 거라고 했는데…. 보아하니 곧 비가 올 태세다. 아니나 다를까 드디어 비가 쏟아진다. 지금 비옷도 없는데 어떡하지?

마침 그때 전직 수사님이 뒤에서 나를 부르며 기다리라고 한다. 자기 배낭을 덮개로 가렸는데 등에 진 채로 비옷을 좀 꺼내라 한다. 혹시 아무것도 없이 비를 맞고 있는 나에게 주려고 그러는가 싶어 순간적으로 '이것을 어떻게 받지?' 생각했다. 그런데 비옷을 꺼내 주니 자기가 입고서 나더러 배낭까지 잘 덮으란다. 그러고는 아무 일도 없었

위 _ 오르막길
아래 _ 험난한 숲속길

다는 듯 나를 보며 유유히 사라진다. '저런 분이 전직 수사님…?' 믿어지지 않는다. 그는 수도원에 머물 때도 무턱대고 나더러 함께 있는 모든 사람들에게 차를 사라고 했었다. 웬 뚱딴지…. '저런 사람에게 맞서지 말라는 뜻일까?' 준비 안 해 온 내 탓인데, 잠시 그런 생각을 해 보았다. 비를 그대로 맞으면서 열심히 하느님을 찬미하며 걸었다. 정말 다행히 비는 그치고 그분은 도중에 가까운 알베르게로 들어갔다. 이제 정말 자유다.

한참을 걷다 보니 완만한 고갯길 정상부에 '철의 십자가Cruz de Ferro'가 나타났다. 이곳은 산티아고길 여정 중 가장 고지대인데, 순례자들이 자기 나라에서 가져온 돌에 각자의 소망을 담아 그 앞에 내려놓고 소원이 이루어지기를 기도하는 곳으로 유명하다. 전봇대 같은 나무 기둥 꼭대기에 철로 된 십자가가 있고 그 아래로는 소원을 적은 돌들이 쌓여 작은 언덕을 이루고 있다. 어제 라바날에 함께 머물렀던 장애인분이 한쪽 다리에 의족을 한 채 거기 그 십자가 앞으로 올라가고 있었다. 그 모습을 보며 큰 감동을 받았다. 나는 멀쩡한 두 다리를 가지고도 발목 통증을 이기지 못해 힘들어하는데, 저분은 몸도 성치 않은데 의족을 한 채로 여기까지 오시다니…. 그만 나 자신이 부끄럽고 뜻밖의 감동에 말문이 막혔다. 그다음부터 발목 아픈 것은 아무것도 아니었다.

이제부터 내리막이다. 내 주위엔 아무도 없다. 아는 사람, 도와줄 사람, 아무도 없이 달랑 나 혼자다. 그런데 정말 산이 장난이 아니다. 이렇게 높은 산이 있을 줄이야? 메세타는 밀밭과 황무지라면 이곳은 우리나라 강원도 두메산골처럼 아주 높고 깊은 산중이다. 산 위에서 아래 도로를 내려다보니 아찔하다. 계속 내리막이다. 피레네, 메세타 다음으로 어려운 코스였다. 사전에 알았더라면 나는 분명 걷지 않고

철의 십자가를 향해 오르는 의족을 한 순례자

버스를 탔을 것이다. 그러나 어쩌면 이 길은 마치 밀린 숙제처럼 꼭 걸어야만 했던 것 같다. 외적인 고통은 매일 일어나는 것이지만 그 속에는 정신적인 아픔이 함께 있다고 보기 때문에, 나는 이 길을 걸으면서 나의 고통에 대해 묵상하며 그 의미를 찾고 있는 것이다.

갑자기 무릎에 통증이 오기 시작한다. 평소 아팠던 왼쪽 무릎부터 시작하더니 어느 순간 오른쪽 무릎까지 다 아프다. 아까 본 장애인분을 생각하며 이를 악물고 걸었다. 주위엔 아무도 없다. 있다 하더라도 나를 도와줄 수 없다. 어쨌거나 나 혼자 끝까지 내려가야 한다. 무릎 보호대도 안 가져왔는데 졸지에 너무 비참해진다. 대책 없이 떠난 내 모습에 또 화가 난다. 바로 내가 '악인'이다. 나 자신이 비참하기 짝이 없고 급기야는 울고 싶어진다. 처음부터 지금까지 그리고 어쩌면 끝까지 나는 계속 고통과 아픔으로 이 순례길을 마칠 것 같다. 더 이상 걷고 싶은 마음도 없다. 아무 희망도 없다. 고통과 절망, 그리고 탈기로 거의 죽을 지경에 이르렀을 때 눈앞에 오늘 묵을 몰리나세카Molinaseca 마을이 보인다. 다리

아래로 개울이 흐르고 바로
그 앞에 멋진 사설 알베르
게가 보인다. 아침에 수도
원에 낸 돈이면 이런 호텔
에 들어갈 수 있는데…, 이
게 무슨 고생이람? 내가 가
야 할 곳은 5유로짜리 무니
시팔인데 여기서 또 한참을

몰리나세카 마을길

걸어야 한다. 그때부터 다시 비참해진다. 나는 왜 사서 이 고생을 할
까? 제대로 걷지도 못하면서 말이다. 자꾸 눈물이 나려고 한다. 이러
는 내가 바보 같다.

　얼마나 걸었을까? 그 아픈 다리를 끌면서 무니시팔을 찾아 들어갔
는데 절망적으로 울고 싶었다. 우선 미리 부친 짐부터 찾았더니 오렌
지빛 배낭이 주인을 기다리고 있다. 알베르게 주인은 아주 친절한 분
이다. 마치 내 마음을 다 알고 있는 듯 얼음덩어리를 가져와 내 다리
에 얹어 주고 침대까지 내 손을 잡고 안내한다. 그 마음이 하도 고마
워 한국에서 가져간 매듭을 선물했더니 내 볼에 키스까지 한다. 겨우
샤워를 마치고 내 배낭을 내가 묵을 2층까지 끌고 와서 누웠다. 이런
몸으로 내일 또 갈 수 있을까? 무슨 희망으로? 오늘 저녁엔 주님께서
또 무슨 말씀으로 한심한 나를 위로해 주실까? 어제 성체 성혈 축일
로 온 동네를 돌면서 성체로 축복까지 받았는데 하루 만에 이렇게 쉽
게 무너지다니…. 며칠간 "키리에 엘레이손! Kyrie eleison, 주님 자비를 베푸소
서!"만 계속 되뇌었는데 말이다. ✝

마을이 보이는 순례길

35 두 번째로 병원에 실려 가다
몰리나세카 2일차

오늘 아침에는 도저히 일어날 수가 없었다. 오른쪽 무릎에 결국 이상이 생긴 것이다. 구부릴 수도 움직일 수도 없다. 절망감이 내 앞을 가로막는다. 어제 그 산길을 넘지 말고 인 신부님이 수도원에 있으라고 할 때 하루 더 머물걸…. 결국 나의 과욕과 교만 때문에 순식간에 무너진 것이다. 억지로 누워 있다가 일어나니 이미 다른 순례객들은 다 떠나고 없다. 주인도 보이지 않는다. 이 일을 어떻게 하나? 이제는 천사도 더 이상 없을 것 같다. 겨우 짐을 챙겨 바깥에 나와 주인이 문을 열기만 기다렸다. 한참 뒤에 주인 부부가 어디선가 승용차를 타고 온다. 그들에게, 무릎을 다쳐 갈 수가 없으니 병원을 가르쳐 달라고 했다. 잠시 뒤 주인은 나더러 승용차에 타라고 한다. 그러고는 폰페라다Ponferrada에 있는 병원으로 나를 데려간다. 그는 병원 안내대에다 나의 상황을 설명한 후 나에게 뭐라고 한참 말을 하고는 내 짐을 가지고 떠났다. 나에게는 병원에서 11시까지 기다리라고 했다.

그 시간이 되니 알베르게 주인이 다시 나타나 의사에게 나를 데려가서 상태를 설명한다. "넘어졌나요?" "노!" "다쳤나요?" "노!" 의사

하늘의 너희 아버지께서 완전하신 것처럼 너희도 완전한 사람이 되어야 한다.(마태오 5,48)

가 이리저리 만져 보더니 무릎 건염이라면서 일주일간 걸으면 안 된다고 한다. 처방전을 끊어 주며 병원비는 받지 않는다. 스페인에서는 순례객들에게 어지간한 것은 병원비를 받지 않는 모양이다. 더구나 의사가 얼마나 친절한지 문밖까지 나와서 나를 직접 데리고 들어간다. 프랑스에서도 그랬었다. 주인이 나를 다시 태우고 나와서 근처를 설명해 주고 약국까지 데려간다. 약값만 21유로 정도 나왔다. 이제 더는 천사가 없을 거라 좌절했는데, 주님께서 또 이렇게 완벽하게 천사를 보내 주셔서 어제의 그 절망감은 순식간에 씻은 듯 사라졌다. 병원에서 돌아오는 길에 어제 '철의 십자가'에서 보았던 그분이 혼자서 그 누구의 도움도 없이 걸어가는 모습을 보았다. 누가 감히 저분을 불완전한 몸이라 할 수 있을까? 내 눈에는 자신의 십자가를 온전히 질 줄 아는 위대한 성자의 모습이었다.

오늘 하루의 시간이 정말 꿈만 같다. 넘어진 김에 쉬어 간다더니 이런 알베르게에서 내가 쉬게 될 줄이야. 주인이 정말 천사 같다. 그렇게 친절할 수가 없다. 하루 묵어가는 투숙객을 누가 그렇게 직접 병원까지 데려가서 일일이 상태를 설명해 가며 세심하게 도와주랴?

알베르게 주인 부부(Manuel씨)와 함께

친절과 배려가 그냥 마음에서 우러나오는 것 같다. 주인 부부에게 고마움의 표시로 한국에서 가져온 선물을 했다. 나는 처방받은 약을 먹고 스프레이를 뿌리고는 길가의 소파에 앉아서 뜨거운 태양 아래 도로를 걸어가는 순례객들을 온종일 바라보고만 있었다. 주님께서 마련해 주신 그 길을 모두들 정말 열심히 걷고 있다. 다들 돌아가서 앞으로 어떤 길을 택해서 살게 될지는 아무도 모르지만 지금 이 순간만은 모두 행복해 보인다.

주님께서는 내가 걷기를 통해 무언가를 얻기를 바라시지는 않는 것 같다. '이제는 걸을 수 있겠구나.' 하고 나가면 자꾸 다치니까 말이다. 주님께서 '완전'에 대해서 말씀하셨는데 무엇을 깨달으라고 하시는 걸까? '너희도 완전한 사람이 되어야 한다.'는 말씀을 보면 우리 같은 보통 사람들도 하느님처럼 완전해질 수 있다는 가능성을 열어 주신 것 같은데…. 감히 '완전'이라? 참람하고 요원하다. 지금의 내 모습과는 까마득히 멀지만 한편으로는 그 말씀에 용기를 얻는다. 하느님처럼 완전하진 못하더라도 이 알베르게 주인처럼 자기가 하고 있는 일에서만이라도 완전할 수 있다면 그것만으로도 행복하지 않을까?

위 _ 몰리나세카 마을
아래 _ 몰리나세가 호스텔

이곳에서 점심을 먹고 잠언을 읽기 시작했다. 내가 여전히 지혜가 부족함을 깨닫는다. 발목이 아파 제대로 걷지 못하고 며칠간 수도원에서 휴식을 취한 다음 갑자기 하루에 10시간 25km를 걸었으니 말이다. 좀 더 조심했어야 하는데 메세타도 걸었으니 이쯤이야 하고 방심한 것이 화근이었다. 넘어지지는 않았지만, 산길을 오르내리며 용을 쓰느라 무릎에 힘을 너무 많이 쏟다 보니 평소에도 부실했던 무릎이 그만 고장이 난 것이다. 사실 한국을 떠나기 전날까지도 이 무릎 때문에 올까 말까를 많이 망설였었다. 그동안 무릎 보호대를 하고 그나마 신경을 쓰면서 왔는데 한순간의 방심으로 아무 장비 없이 걷다가 큰 낭패를 본 것이다. 그런데 지나고 보니 이 산이 보통 산이 아니었다. 인생으로 치면 가장 고통스러운 순간을 맞이했었다고나 할까.

내내 스프레이를 뿌리고 때맞춰 약을 먹었더니 좀 좋아진 것 같다. 며칠간 걷지 말고 쉬라고 했지만 내일부터 조금씩 걸어야겠다. 지난번에 걷지 않은 사리아까지는 걸을 계획이다. 그러다 시간이 부족하면 그 이후로는 한 번 걸었던 길이니 건너뛰고 바로 포르투갈의 파티마Fátima로 가서 마무리할까 싶다. 어제 하루 내 속에서 일어나는 들끓는 분노에 처참하게 휘둘렸지만, 오늘 잠언 말씀을 통해 나를 들여다보며 차분히 잠재울 수 있었다. 주님께서 말씀을 통해 내 모습을 깨달으라고 이렇게 또 한 번 기회를 주신 것이다.

저녁 무렵에 일부러, 전날 산을 내려와 다리를 건너오면서 느꼈던 그 비참한 감정을 다시 보기 위해 스틱을 잡고 그곳까지 가 봤다. 사람들이 개울에서 수영도 즐기고 야외에서 음식도 먹고 즐거운 모습이었다. 그런데 전날 느꼈던 그런 감정은 전혀 들지 않았다. 그때의 비참한 기분은커녕 오히려 감사한 마음이 들었다. 내가 만일 이곳의 시설 좋은 사설 알베르게에 머물렀다면 지금의 그 친절한 주인을 못 만났을 것 아닌가. 새삼 주인 부부의 따뜻한 사랑이 가슴을 울렸다. 화장실은 1층이고 숙소는 2층이라 오르내리기 힘들고 음식도 빠에야가 12유로라 비싼 편이지만 전혀 문제가 되지 않았다. 너무도 따뜻한 대접을 받았기 때문이다. 앞으로도 오래도록 잊을 수 없을 것 같다.

이곳 알베르게에는 마당에서 텐트를 치고 자는 순례객도 있다. 이색적인 체험이 될 것 같기도 하다. 아무 소리도 들리지 않는 가운데 밤하늘의 쏟아지는 별빛을 보며 잠드는 기분은 어떨까? 초롱초롱 반짝반짝 빛나는 별들 어디선가 홀연히 천사라도 나타날 것 같은 기분일까? 사실 곳곳에 나를 가르치는 교사와 천사가 대기하고 있다. 이시간 글을 쓰고 있는데 천사 같은 알베르게 주인이 시원한 멜론 한 조각을 나에게 가져다준다. 그야말로 사랑의 마음이다. 진정한 사랑이 가슴으로 느껴진다. 어제 내가 생각한 모든 것들이 너무 부끄러워진다. 무릎에 좌절하며 괜히 왔다 후회한 것도 부끄럽고, 수도원에 내고 온 돈에 대한 생각도 부끄럽고…. 이 주인은 나에게 아무 대가도 받지 않았다. ✝

36 깨끗한 마음 주시옵소서

몰리나세카 – 폰페라다 – 캄포나라야(거리 18.5km)

어제 의사가 며칠간 걷지 말라고 했고 알베르게 주인도 그렇게 말했다. 그러나 가만히 있기가 뭐해서 가까운 거리에 배낭을 보내고 출발했다. 근방의 제법 큰 도시인 폰페라다Ponferrada에 가서 은행에서 돈도 찾고 템플기사단 성채Castillo de los Templarios[1]도 꼭 보아야겠다. 그런데 시작부터 무릎이 아파 걷기가 힘들었다. 오른쪽 다리는 질질 끌고 왼쪽 발목도 통증이 심했다. 그 꼴로 가고 있는데 하필 이런 때 아는 사람들을 만난다. 지 신부님 일행과 만나고 캐나다인 전직 수사와도 만났다. 메세타를 함께 걸었던 간호사 자매도 신부님 일행과 동행하고 있었다. 아파서 잘 걷지도 못하는 초라한 내 모습이 이제는 너무 싫다. 어디에라도 숨고 싶어진다. 이것은 순례도 아니

---

1. 템플기사단 성채 : 중세 템플기사단의 사령부로, 이곳을 지나는 산티아고 순례자들을 보호하기 위해 12세기에 옛 로마제국의 요새를 증축하여 이곳에 정착하였다. 이를 계기로 도시에는 더 많은 이들이 들어오게 되었고 도시는 상업적 발전을 이루었다. 성채는 15-16세기에 여러 차례 확장되었으며, 1848년부터 20세기 초반까지 대규모 복원 작업이 진행되어 현재의 모습이 되었다. 현재는 국가 유적으로 지정되어서 박물관으로 쓰이고 있다.(홍사영 신부 著『산티아고 길의 마을과 성당』 기쁜소식, 2015년, p.206-207)

네 자선을 숨겨 두어라.(마태오 6,4)

고 뭐 하러 왔는지 모르겠다. 더 이상 가고 싶은 마음이 안 생긴다. 고통 앞에 무너지려 했던 자신을 어제 잠언을 읽으며 잘 추슬러 놓았는데, 아침에 또 이런 모습을 자꾸 사람들에게 보이니 이제는 비참한 기분만 든다. 아침의 말씀이 '네 자선을 숨겨 두어라.'였는데 평생 살면서 자선다운 자선이라고는 한 적이 별로 없어 내 마음을 더 씁쓸하게 만든다. 중간에 길을 세 번이나 잘못 들어 기분이 더 상했다.

폰페라다에서 할 일은 은행 찾기, 템플기사단 성채 찾기, 버스 정류장 찾기였는데 모두 아주 힘들게 성공했다. 성채 근처의 바실리카 성당에서 미사까지 볼 수 있었다. 템플기사단 성채는 나에게 큰 감동을 주었다. 중세 시대에 이들의 활약이 없었다면 어떻게 순례객들을 위험에서 도와줄 수 있었겠는가? 지금도 가다 보면 기사단 복장을 하고 말을 타고 다니는 이들을 가끔 본다. 오늘따라 대형 슈퍼가 눈에 자꾸 들어와 싼값으로 채소도 샀다. 내 몰골을 본 어느 행인이 캄포나라야Camponaraya까지 앞으로 10km는 더 남았는데 그 다리로는 도저히 못 가니 버스나 택시를 타라고 권한다. 그러면서 전혀 엉뚱한 길을 가르쳐 준다. 그냥 걷는 것만으로도 힘든데 짐도 무겁고 버스 정

위 _ 템플기사단 성채
아래 _ 템플기사단 성채 내부

류장은 자꾸 틀리게 가르쳐 주어 정말 기분이 비참했다. 겨우 찾아 1시간 이상을 기다렸다. 그럴 때 택시를 타면 될 텐데 왜 돈이 아깝다는 생각이 드는지…. 버스비는 기껏해야 1.8유로다. 모든 것이 내가 생각한 대로 다 이루

바실리카 성당 앞

어졌는데도 왜 기분은 회복되지 않는 것일까?

　버스로 캄포나라야에 도착하여 알베르게에 들어오자마자 샤워하고 빨래하고 바로 누웠다. 배가 고파 잠이 오지 않아 아까 사 온 채소들을 요리도 못하고 생으로 그냥 먹었다. 요리를 하려 해도 여기는 부엌이 없다. 부엌 없는 알베르게는 처음이다. 내일부터는 어떻게 하지? 정말 더 가고 싶은 의욕이 없어진다. 아픈 다리를 질질 끌고 갈 생각만 해도 나 자신이 비참해진다. 이럴 걸 왜 왔는지 모르겠다. 성체 기적이 일어난 오 세브레이로O Cebreiro로 바로 갈까 싶어 물어보니 여기서는 거기까지 바로 가는 버스가 없단다. 할 수 없이 걸어야 한다. 오늘 이 기분으로는 더 이상 아무 의욕이 안 생긴다. 순례 한 달 동안 이런 기분은 처음이다. 가슴이 아파 아무것도 할 수 없을 때도 '그냥 가야 한다. 끝까지 가야 한다.' 이런 생각뿐이었는데 지금은 왜 이럴까? 왜 이렇게 비참하고 지루한 생각이 들까? 이 비참한 기분을 어떻게 좀 했으면 좋겠다. 이제 보름 정도 남았다. 새로운 의욕이 생기지 않으면 나는 아무것도 할 수가 없다. 내일은 배낭을 메고 버스가 가는 곳까지만이라도 가 볼까? ✝

37 사명을 찾았으니
캄포나라야 – 카카벨로스 – 비야프랑카 델 비에르소 – 오 세브레이로(거리 42km)

어제까지만 해도 나 자신이 비참해서 견딜 수가 없었다. '내일은 어디까지 갈까? 무거운 배낭을 메고 버스 타는 곳을 잘 찾을 수 있을까? 처음부터 택시를 타자니 돈 때문에 걱정이고….' 이런저런 생각에 잠을 설쳤다. 이곳은 또 밤에도 너무 더워 잠을 이룰 수가 없다. 가만히 있어도 몸에서 땀이 난다. 그런데 같이 투숙한 72세의 독일인은 아침에 눈을 뜨자마자 당신 자리를 깨끗이 정리한 다음 조용히 떠나셨다. 나도 갈 곳을 정하진 않았지만 떠날 준비를 했다. 어제 알아 놓은 버스 정류장을 향해 배낭을 지고 나섰다. 카카벨로스Cacabelos까지만 버스가 간다. 5km 정도이다. 다음은 어떻게 해야 하나? 이 사람 저 사람에게 묻기 시작한다. 모두들 스페인말로 정말 친절히 가르쳐 주지만 하나도 알아들을 수 없다. 영어도 모르지만, 스페인어는 아예 감도 잡히지 않는다. 우여곡절 끝에 카카벨로스에서 버스를 갈아타고 7km 정도 더 떨어진 비야프랑카 델 비에르소Villafranca del Bierzo까지 갔다. 거기서 내려서 오 세브레이로O Cebreiro에는 어떻게 가느냐고 아무리 물어도 그리 가는 버스는 없다는 대답뿐이다. 사람들이 이것저것 적어 주는데 무슨 뜻인지 전혀 모르겠다.

너희 아버지께서는 너희가 청하기도 전에 무엇이 필요한지 알고 계신다.(마태오 6,8)

그때 어떤 아주머니가 나와서 차를 타려 하는데, 쪽지를 적어 주고 설명을 해 주던 아저씨가 그녀에게 나를 인계한다. 그녀는 나더러 자기 승용차에 타라고 했다. 나는 혹시나 오 세브레이로까지 데려다 주려는가 싶어 감사한 마음으로 얼른 탔다. 그런데 조금 가더니 나에게 뭐라 열심히 설명하고는 대뜸 내리라고 한다. '여기는 도대체 어디야?' 내가 내리자 그녀는 그냥 가 버렸는데, 쪽지를 살펴보니 앞에 보이는 바의 이름이 적혀 있다. 아마 아까 그 아저씨가 나를 여기까지 태워다 주라고 그랬나 보다. 곧 바에서 주인이 나오더니 나더러 택시를 타라고 한다. 그러고는 택시를 불러 주었다. 간단 명쾌하다. 요금은 25유로였다. 덕분에 고민할 것 없이 오 세브레이로까지 30km 정도 되는 길을 택시로 왔다. 나 하나 택시를 태우기 위해 몇 사람이 움직인 것인가? 주님의 연출이 놀랍다.

산이 얼마나 높은지 귀는 먹먹하고 안개가 자욱이 덮여 주변은 하나도 보이지 않는다. 산 아래도 전혀 보이지 않는다. 마치 피레네 산맥을 넘는 기분이었다. 도착하자마자 "주님, 잘못했습니다."라는 소리가 절로 나왔다. 주님께서는 내가 무엇을 원하는지 이미 다 알고

오 세브레이로 마을

계셨다. 이 길은 도저히 나 혼자 걸어서 올 수 없음을 미리 아시고 차를 세 번이나 바꾸어 타게 하면서 이곳까지 나를 데려오신 것이다. 아침의 복음처럼 내가 청하기도 전에 나에게 필요한 것을 다 채워 주시는 주님의 현존을 가슴 깊이 느낀다. 정말 기적 같다.

알베르게는 1시가 되어야 들어갈 수 있는데 12시쯤에 도착했다. 오 세브레이로[1] 마을은 아주 높은 산 위에 있었다. 라바날의 수도원에

---

1. 오 세브레이로 : 835년 첫 번째 순례자 숙소가 생기고 이를 관리하는 프랑스인 수사들이 들어와서 살면서 마을이 형성되기 시작했다. 14세기에 이곳에서 성체의 기적이 일어나고 이 소식이 순례자들을 통해 전 유럽으로 퍼져 나가자, 교황칙서와 왕실의 자치권이 이곳에 주어지면서 대중적인 순례지가 되었다. 그 후 가톨릭 왕가와 교황의 도움으로 이곳에 수도원, 호스텔이 세워졌으며 프랑스 수도회의 관할에서 벗어나 스페인의 베네딕토 수도회가 관리를 맡았다.(홍사영 신부 著 『산티아고 길의 마을과 성당』 기쁜소식, 2015년, p.224)

서 머물 때 이곳에 성체 성혈 기적의 성당이 있다 하신 인 신부님 말씀을 듣고 꼭 들러야겠다고 생각했었다. 진정 성체의 신비를 이번에는 완전히 깨닫고 싶었다. 도착하자마자 성당을 찾았는데 문이 잠겨 있어서 얼마 후 다시 갔더니 다행히 열려 있다. 너무 좋아 2시간가량 머물렀다. 성체가 따로 모셔져 있었다. 또 제대를 바라보며 왼쪽에 있는 경당에는 이곳의 교구 사제였던 돈 엘리아스 발리냐 삼페드로 Don Elías Valiña Sampedro, 1929-1989 신부님의 무덤이 있다. 순례길에서 흔히 보게 되는 친숙한 노란색 화살표는 바로 그가 고안한 것이다. 순례자들이 길을 잃지 않도록 돕기 위함이었다. 성당 마당에는 그의 흉상이 있어서 순례자들의 공경을 받고 있다.

이곳은 9세기부터 시작된 순례길 위에서 현존하는 가장 오래된 성당으로, 오 세브레이로의 기적 이야기로 유명하다. 어느 추운 겨울날 아주 믿음이 돈독한 가난한 소작농 한 명이 엄청난 눈보라를 뚫고 산 정상에 있는 이 성당에 미사 참례를 위해 찾아왔다. 아무도 없는 날인데 농부가 미사를 청하니 본당 사제는 귀찮은 생각이 들고 짜증이 났지만 할 수 없이 미사를 봉헌했다. 그런데 성찬례를 거행하던 중 빵과 포도주가 예수 그리스도의 살과 피로 변하는 기적이 일어났다고 한다. 또한, 성당 안의 성모 마리아상도 이 놀라운 광경에 고개를 기울였다고 전해진다. 성당을 둘러보며 옛이야기를 되짚으며 '이곳이 진정 내가 있을 곳'이란 생각이 들었다. 기적의 현장인 이곳에서 주님께 푹 잠기고 싶었다.

이번 순례에서 나는 특히 '성체 현존'에 대해서 더 깊이 체험하고 싶었다. 처음부터 걷는 것이 주가 아니고 주님의 현존을 체험하는 것에 목적을 두었다. 그래서인가? 초장부터 넘어져 주님이 아니면 한

오 세브레이로의 왕립 산타 마리아 성당

위 _ 예수님상

아래 _ 기적의 성체 성혈

발짝도 움직일 수 없었고, 남들처럼 배낭을 메고 걸으면 가슴이 아파서 다음 날 일어나기조차 힘들었다. 조금 나을 만해지니 발바닥과 발목에 이상에 생겨 걷기가 힘들었고 급기야 이번에는 무릎까지 고장이 나 버렸다. 계속 교통수단을 이용해야만 하는 이런 순례의 의미가 무엇일까? 발을 다쳐 걷지 못해 라바날의 수도원에 머물러야만 했던 자매도 다 주님의 뜻이 있기에 그런 일을 당했겠지? 1년 이상 준비하여 신부님까지 모시고 자기가 인솔자로 왔다는데 말이다. 그런데 내 경우는 왜일까? 계속 엎어지고 깨지고 다치고 하는 게 무슨 의미일까? 과연 주님께서는 나의 무슨 필요를 채워 주시려고 이렇게 하시는 걸까? 나에게 내리실 사명이 무엇일까?

라바날 수도원의 인 신부님 말씀이 생각난다. 지난해 2016년 11월에 수도원에서 출발하여 방향을 거슬러 프랑스 쪽으로 가서 생장에서 순례를 시작하려 했는데, 버스로 피레네를 넘다가 그 버스가 산 중턱에서 퍼지는 바람에 거기서 생장까지 눈보라를 맞으며 걸어가서야 비로소 순례를 시작할 수 있었다고 한다. 순례 도중에 베드버그에 두 번이나 물려 퉁퉁 붓기도 하고, 갈리시아 Galicia, 스페인 북서부의 자치주로, 주도는 산티아고 데 콤포스텔라 지방에서는 심한 눈보라 때문에 거의 죽을 뻔했다고 한다. 이제 순례를 그만둘까 했을 때 쌍무지개가 뜨길래 주님께서 계속 가라 하시는 신호로 알아듣고 갔는데, 막상 산티아고에 도착하니 허무가 밀려왔다고 한다. 그 뒤 수도원에 돌아와 일주일 이상을 앓았다고 한다. 그러고는 우리 같은 순례객들에게 쉼터를 제공하는 역할을 하고 있다고 했다. 그게 그 신부님이 순례를 통해 찾은 사명이 아닐까? 그분은 다른 순례자들이 이 길을 걸으면서 겪는 고통까지도 속속들이 다 아실 것 같다.

나는 처음부터 카메라와 노트북 등을 챙겨 왔다. 그 무거운 걸 메고 다니니 보는 사람들마다 다 말렸다. 그래선 못 간다고…. 인 신부님도 모든 것을 다 두고 가라 하셨다. 하지만 내 생각은 다르다. 내가 만일 순례 도중에 카메라와

로마시대 이전부터 사용되던 전통 초가집인 파요사스.
석조건물 위에 밀짚 지붕을 올린 형태로 보통 한쪽은 주거용,
다른 한쪽은 가축용이다.

노트북을 잃어버린다면 이 길을 걷는 목적을 성취하는 건 틀린 일이 될 것이다. 나는 순례의 기록을 책으로 묶어 주님의 현존을 증거하고 싶다. 비록 남들 보기에는 별 의미 없는 누더기 같은 순례일 수도 있지만, 나는 매일매일 기쁨과 고통 속에서 주님을 체험하고 있다. 책을 통해 주님의 현존을 드러내는 것! 어쩌면 그것이 나의 사명일지도 모른다. 그래서 이 무거운 것들을 지금껏 포기하지 않고 배달을 이용해 가면서 여기까지 왔다.

그런데 이제 걷기조차 어렵게 되니 슬픔이 몰려왔다. 이렇게 자포자기하는 마음이 들 것을 진작에 아시고, 며칠 수도원에 머물며 예방주사 삼아 고통과 좌절과 허무의 체험을 미리 듣게 하시어 다시 마음을 다지고 용기를 낼 수 있게 주님께서 배려해 주신 것이리라. 오늘이곳에 도착하니 알베르게 주인이 캄포나라야에서 여기까지 40km 남짓인데 걷지 않고 차를 타고 왔다고 계속 뭐라 하는 것 같았다. 무

릎이 아파서 그랬다고 하는데도 계속 뭐라 뭐라 했다. '여기는 걸으면서 순례하는 곳'이라고⋯. 걸을 수만 있다면 얼마나 좋으랴! 나도 무지 걷고 싶다. 그러나 어쩌랴? 이곳 알베르게에서 마침 한국인 젊은 남자분을 만났다. 그는 배낭을 부치고 걸어왔다는데, 셍쟝부터 지금까지의 코스 중에서 오늘이 제일 힘든 구간이었다고 했다. 젊고 성한 몸으로도 그런데 주님의 현존이 아니었다면 내가 어떻게 여기까지 올 수 있었겠는가? 감사할 따름이다.

다윗의 아들이자 예루살렘의 임금인 코헬렛이 말했다. '허무로다. 허무! 모든 것이 허무로다!'(코헬렛 1,2) 또 이렇게 말했다. '태양 아래에서 너의 허무한 모든 날에, 하느님께서 베푸신 네 허무한 인생의 모든 날에 사랑하는 여인과 함께 인생을 즐겨라. 이것이 네 인생과 태양 아래에서 애쓰는 너의 노고에 대한 몫이다. 네가 힘껏 해야 할 바로서 손에 닿는 것은 무엇이나 하여라. 네가 가야 하는 저승에는 일도 계산도 지식도 지혜도 없기 때문이다.'(코헬렛 9,9-10) 자칫 쾌락과 방종으로 곡해할 수도 있는 이 말씀의 진의는 무엇일까? 어차피 죽어지면 허무한 목숨이니 사는 동안 힘껏 해야 할 일이라면 무엇이든 머뭇거리지 말고 하라는 말씀 같다. 지난번 순례 때는 '내 주제에 무슨 책이야?' 싶어 정리해 두고도 못 냈지만, 이번엔 머뭇거리지 않으리라. 주님의 현존을 드러내는 일은 내가 마땅히 힘껏 해야 할 바니까.

마음의 안개가 걷혀서일까? 오후가 되니까 이곳도 피레네처럼 안개가 걷히고 산 아래 마을들이 보이기 시작했다. 성체 조배 후 밖으로 나와 어떤 사무실에 들러 사리아까지 가는 차편에 관해 알아보았다. 마침 우연히도 택시 기사가 있어서 물었더니 거기까지 택시로는 50유로라고 한다. 이 상태로는 걸을 수 없기에 정 다른 수가 없으면

안개 덮인 산 아래 마을

택시라도 탈 생각이었다. 그런데 옆에 있던 사무실 직원이 여기서 사리아 가는 버스가 오전 6시 45분에 있다고 일러 준다. 나는 믿을 수가 없었다. 그 새벽에 누구를 위해 여기까지 버스가 온단 말인가? 안개가 자욱하여 앞도 안 보이는 이 높은 산꼭대기에…. 반신반의하며 잠을 이룰 수가 없었다. 밤 10시가 넘으니 다시 밤안개가 천지를 덮었다. 이곳은 나에게 너무나 편안함을 주는 곳인데도 통 잠을 이룰 수가 없었다. 버스가 과연 올까…? 도무지 믿기지 않았기 때문이다. 어쩌면 내일의 기대로 설레서 그랬을지도 모른다. ✝

Camino de Santiago

CHAPTER 5

산티아고를
향하여

38 좋은 일이 있으리라
오 세브레이로 – 사리아(거리 45km)

하루 더 머물까 하다가 남은 일정을 생각하여 떠나기로 했다. 새벽 일찍 일어나 마을 앞에서 묵주 기도를 하면서 안개비를 맞으며 서 있었다. '6시 45분이랬지?' 정확히 그 시간이 되니까 순례객을 태우고 마을버스 같은 것이 도착한다. '와, 진짜로 오는구나!' 너무나 놀라웠다. 그러고 보니 이곳은 신앙인들 사이에 널리 알려진 곳으로 많은 순례객들이 일부러 찾아오는 것 같았다. 본래 성체 성혈 기적으로 유명한 곳인데 정경도 평화롭고 아름다웠다. 지난번 순례 때도 이곳을 통과했을 텐데 전혀 기억이 나지 않는다. 그냥 버스로 지나쳤기 때문에 이렇게 좋은 곳을 다 놓쳤던 것이다. 하지만 이번에는 꼭 가 보고자 했던 중요한 곳들은 거의 다 들른 것 같다. 예전에 걷지 않았던 메세타 구간과 아스토르가 이후의 구간은 나에게 혹독한 고통을 안겨 주었지만 내 영혼을 정화할 수 있도록 깊은 깨달음을 주었고 정말 잊을 수 없는 곳이 되었다. 특히 이곳 오 세브레이로에서 하루 묵게 된 것은 나의 영혼에 꽃을 피워 주시기 위해 주님께서 마련하신 특별한 선물이라는 생각이 들었다.

아침 8시경에 사리아Sarria에 도착했다. 예전에 누군가 나에게 여기

정녕 내 멍에는 편하고 내 짐은 가볍다. (마태오 11,30)

서 출발하여 산티아고까지 100km를 가도 순례 인증서를 받을 수 있다고 가르쳐 주었다. 그래서 사리아를 출발지로 삼는 순례자들도 많아 항상 붐비는 곳이라 했었다. 이곳도 여전히 기억이 나지 않는다.

물어물어 찾아오니 전에 묵었던 알베르게가 있는 동네가 나온다. 이번에는 다른 사설 알베르게에 들었는데 아주 쾌적하다. 그런데 그동안 너무 많이 긴장하고 제대로 먹지 못해 몸이 많이 피곤하다. 이제 사 먹는 음식 말고 내 손으로 무엇인가 만들어 먹고 싶은데 이곳도 부엌이 없는 것같다. 할 수 없이 슈퍼에 들러 처음으로 우유도 사고 다른 것도 이것저것 샀다. 가격

사리아 역 광장에서

사리아 마을 :

사리아는 산티아고 순례의 전성기였던 중세와 마찬가지로, 오늘날에도 산티아고 순례의 중요한 거점
도시이다. 산티아고 카테드랄의 순례자 사무소에서는 이곳 사리아부터 걷는 순례자들에게도 순례인
증서를 발급해 주고 있다.(홍사영 신부 著 『산티아고 길의 마을과 성당』 기쁜소식, 2015년, p.238)

사리아의 산타 마리냐 성당

은 얼마 하지 않는데 별로 입에 당기는 것이 없다. 그래도 할 수 없이 먹어야 한다. 이제는 빨리 집에 가고 싶다.

오늘은 동생들한테 전화를 해 보았더니 큰동생이 고민거리가 생긴 것 같다. 늦게 냉담을 풀고 아직 신앙이 뿌리내리지도 못한 상태에서 너무 어려운 일이 많이 생겨 감당하기가 힘든 모양이다. 내 마음도 아주 괴롭다. 이겨내지 못하는 모습에 어떻게 위로를 해야 할지 모르겠다. 주님께서는 "정녕 내 멍에는 편하고 내 짐은 가볍다." 하셨다. 오늘 말씀처럼 내 동생의 멍에가 편해지고 그 짐이 가벼워지길 바란다. 인간의 멍에와 짐이 아무리 크다 한들 결코 주님의 그것에 비할 수는 없다. 결국 믿음의 문제다. 누구든 믿음이 커지는 만큼 멍에는 편해지고 짐은 가벼워질 것이다. 동생의 믿음이 깊이 뿌리를 내리고 점점 크게 자랄 수 있도록 기도하고 또 기도할밖에.

이제 내일부터 일주일이면 산티아고에 도착한다. 아는 길이기 때문에 걸을 수만 있다면 그리 힘들진 않을 것 같다. 오늘은 약국에서 발목 보호대도 샀다. 이번 순례에서 약값도 참 많이 들었다. 내일부터는 매일 걸을 작정이다. 무릎 보호대, 발목 보호대, 스틱까지 갖췄으니 용기를 내 본다. 게다가 무엇보다도 내게는 주님의 말씀이 있고 성령의 보살핌이 함께하신다. 산티아고에 도착하면 포르투갈의 파티마로 가서 마지막 여정을 정리하고 한국으로 돌아갈 생각이다. 지금까지 사건 사고도 많았지만 여기까지 올 수 있었다는 것에 정말 감사를 드릴 뿐이다. ✝

위 _ 시골길
아래 _ 사리아에서 만난 학생 순례단

39 나를 다 아시는 주님
사리아 – 포르토마린(거리 22.5km)

오늘은 큰동생을 위해 하루를 봉헌하기로 크게 작정을 하고 23km 정도 되는 곳에 도전하기로 했다. 아침에 일어나니 발목이 아주 아프고 오른쪽 무릎도 딛기 어려웠다. 그러나 이 모든 아픔을 주님께 봉헌하고 내 동생이 어둠 속에서 빠져나올 수 있도록 도와주십사 간절히 구하고 걷기 시작했다. 아플 때마다 봉헌하니 걷기가 조금 나은 것 같았다. 어쨌든 오늘부턴 끝까지 걷는다. 오늘의 말씀처럼 주님께서 우리의 발걸음을 평화의 길로 이끌어 주실 것이다. 어떤 방법으로 동생도 주님의 현존을 느끼게 해 줄 수 있을까? 어떻게 하면 그 마음을 평화의 길로 이끌 수 있을까? 한참을 생각하며 걷고 있는데 큰동생한테서 문자가 왔다. 전화 통화가 안 되어 못 받았다고…. 오늘 하루는 온전히 큰동생을 위해서 기도를 모은다. 주님의 말씀이 아니면 어떤 것으로도 위로를 받을 수 없다고 말이다. 며칠 전만 해도 한 구역도 못 가서 더 걸을 수가 없어 버스를 탔다. 그런데 오늘은 진통제를 먹고 파스를 발라 가면서 온 정신을 기도에 모으고 걸었다. 아침 6시부터 오후 4시까지 10시간이 걸렸다. 다리를 거의 끌다시피 하면서 걸었다. 그래도 아주 행복했다.

어둠과 죽음의 그늘에 앉아 있는 이들을 비추시고 우리 발을 평화의 길로 이끌어 주실 것이다.(루카 1,79)

예전에 나 혼자 걸었던 길인데 기억나는 것은 별로 없었다. 중간에 바가 있는데 그때 그곳에서 믹스 샐러드를 먹었던 기억이 났다. 오늘은 당근 주스를 마셨다. 여기서부터 산티아고까지 100km 남았다는 표지석이 있다. 옛날에 이곳을 지날 때 저 멀리 건너편에 포르토마린Portomarín이 보이는데 길을 잘못 들어 어디로 가야 할지 몰라 한참이나 헤맨 적이 있었다. 그런데 오늘도 잠깐 방심한 나머지 아무도 가지 않는 도로 길을 나 혼자 열심히 걷고 있었다. '이 길은 아닌 것 같은데.' 싶으면서도 '도로 길이니 언젠가는 만나겠지.' 하고 더 열심히 걸었다. 얼마나 왔을까? 달리는 자동차를 멈춰 세워 물었

산티아고까지 100km 남은 지점에서

강 건너 보이는 꼬로또따란 마을

위 _ 포르토마린의 다리들
아래 _ 포르토마린 시내

포르토마린 다리 위

더니 전혀 다른 길이라고 한다. 그분이 나를 태워 한참이나 달려서 다시 원점까지 데려다주었다. 신앙의 길도 마찬가지라는 생각이 들었다. 내 동생이 지금 이 어려움을 참지 못해 영 다른 길로 가 버린다면 다시 되돌아오는 데 얼마나 많은 시간이 걸릴 것이며 또 누가 다시 안내해 주겠는가? 그런 생각을 하면서 주님께 더욱더 매달렸다. 그리고 정신을 바짝 차리고 이제는 딴 길로 가지 않도록 길을 살피고 또 살피며 걸었다.

드디어 목적지인 포르토마린에 도착했는데, 사리아 이후로는 많은 순례객들이 한꺼번에 몰려 자리가 없다는 소리를 진작에 들었었다. 그래도 '설마?' 했는데, 내 짐을 부쳐 놓은 알베르게부터 해서 세 군데를 돌아다닌 끝에야 겨우 자리를 얻을 수 있었다. 학교에서 단체로 순례를 나온 학생들이 알베르게를 거의 다 차지하고 있었다. 내 자리는 침대 2층이지만 그것도 감사했다. 더 이상은 걸을 수 없으니 길에서 자야 할 판이었다. 오늘의 모든 일정은 큰동생을 위하여 봉헌하고 모든 것을 기쁜 마음으로 받아들였다. 내일은 주일인데 가까운 곳으로 가서 하루를 주님과 함께 지내고 싶다.

알베르게는 온통 학생들로 붐볐다. 나도 전직이 교사였던지라 학생들과 인솔 교사들을 유심히 보았다. 그들의 출발지인 사리아에서부터 줄곧 보았는데, 일정한 인원으로 묶은 그룹마다 교사 두 명이 앞뒤로 서서 인솔하고, 학생들은 자유롭게 노래하고 음악을 들으며 걷기 시작했다. 도착지에서도 어떤 팀은 단체로 급식을 받아먹고, 어떤 팀은 먹거리를 잔뜩 사 들고 와서 즉석에서 각자 먹고 싶은 대로 해 먹기도 했다. 저녁에는 단체로 성당에서 미사를 보았다. 모두들 워크북을 휴대하여 거기다 도장도 받고 기록도 하고 그랬다. 한국 학생들의 수학여행과는 좀 다른 차원의 여행을 하는 것 같았다. 우리도 전국의 올레길을 연결하여 학생들이 걸으면서 여행하는 것도 괜찮을 것 같다. 비좁은 공간에서 불편하긴 했지만 배운 바가 많았다. 나도 이곳 성당에서 하는 저녁 미사에 참례했다. ✝

40 세 번째로 다치다

포르토마린 – 벤타스 데 나론(거리 14km)

간밤의 잠자리는 침대 2층이었다. 이번이 세 번째다. 나는 2층이면 항상 불안했었다. 갈비뼈가 아파서 오르내리기 힘들고, 자다가 떨어질까 봐 잠을 이룰 수가 없고, 밤에 화장실에 가기 위해 몇 번이나 일어나야 하니까 가뜩이나 불편했기 때문이다. 너무 싫지만 선택의 여지가 없었다. 마지막 남은 한 자리라 그마저도 감사했다. 다행히 잘 잤는데 아침에 내려오다 계단을 잘못 밟아 떨어져 가슴을 처박았다. 오 세브레이로에서는 주님께서 이제 갈비뼈를 다 낫게 해 주셨다고 느꼈는데, 오늘 또 다친 것이다. 너무 아프다. 게다가 다리마저 벌겋다. 혹시 베드버그에 물렸나 하고 청년들에게 물어보니 그건 아니라고 한다. 매일 한 군데도 성한 데가 없다. 이제 빨리 돌아갔으면 하는 바람뿐이다. 두 번 다시는 안 나올 것 같은 심정이다.

오늘까지 세 번을 크게 다쳤는데 그때마다 큰 은혜를 받고 난 다음이었다. 첫 번째는 루르드 성지에서 침수와 안수 기도까지 받고 피레네 산맥을 오르다가 오르송 산장의 계단에서 떨어져 가슴을 다쳤고,

너희 가운데 두 사람이 이 땅에서
마음을 모아 무엇이든 청하면, 하늘에 계신
내 아버지께서 이루어 주실 것이다.
두 사람이나 세 사람이라도 내 이름으로
모인 곳에는 나도 함께 있기 때문이다. (마태오 18,19-20)

두 번째는 라바날 수도원에서 거룩한 성체 성혈 미사와 행렬까지 참석한 뒤 높은 산을 오르다가 무릎이 나가 버렸고, 세 번째인 이번에는 성체 성혈의 기적이 일어난 오 세브레이로의 바로 그 현장에서 직접 깊이 기도하고 많은 은혜를 받은 뒤 동생을 위해 보속의 차원으로 기도하면서 왔는데 아침에 그만 침대에서 떨어져 겨우 나아지고 있던 가슴을 또 한 번 처박은 것이다. 커다란 은혜를 입은 뒤에 오는 고통이므로 이것은 분명 주님의 현존을 표시하는 것이리라.

아침에 버스가 와서 단체 순례 학생들에게 먹거리를 대 주고 모두 태워 어디론가 데려간다. 짐작건대 이따금 필요에 따라 버스로도 이동하나 보다. 나는 어제 깜박하고 짐 부치는 것을 주인에게 말하지 않고 잤는데 아침에 보니 주인이 없다. 할 수 없이 8시에 주인이 올 때까지 기다려야 할 판인데, 마침 택배 기사가 먼저 와서 얘길 했더니 그냥 가져간다. 오늘은 주일이니 조금만 걷고 주일 미사를 보고 좀 쉬어야겠다. 배낭을 부친 후 늦게 출발했다. 일전에 철의 십자가 아래서 만났던 한국 청년들 세 명과 함께 나왔는데 그들은 어느새 멀리 사라지고 없었다. 아프기도 하지만 젊은 걸음을 당할 수가 없다. 욕심 부리지 않고 내 몸에 맞게 걷는다.

출발한 지 얼마 후 강을 내려다보는 위치에 자리 잡은 호텔에서 일본인 단체 순례객들이 나온다. 여유가 있는 사람들은 호텔에서 편안히 자고 좋은 음식을 먹으면서 적당히 걷고 그러다 힘들면 자동차로 이동한다. 구태여 5-10유로짜리 저렴한 알베르게에 묵고 볼품없는 식사로 끼니를 해결하며 힘들게 걷지 않아도 된다. 그런데 왜, 어떤 이들은 이렇게 힘든 길을 굳이 두 다리로 걷고 있을까? 힘들게 걸은 길과 편안히 차로 이동한 길 사이에는 분명 차이가 있다. 내가 직접 보고 느끼고 고통을 이겨 내며 걸은 길은 내 것이다. 교통편으로 편하게 이동한 길은 그냥 스쳐 지나갈 뿐 기억에 남지도 않는다. 하루도 안 아픈 데가 없이 매일 고통받고 다치고 깨지고 불안하지만 그날그날 주님께서 함께하심을 확실히 느끼기에 나 역시 힘들어도 걷는다.

예전에 이곳을 지날 때 나 혼자만 아스팔트를 따라 윗길로 가고 다른 이들은 모두 아랫길로 가는 것이 이해가 안 됐었다. 오늘은 다른 사람들이 가는 길로 따라가 봤다. 도로 아래쪽으로 내려가서 숲길로 이어지는 길이었다. 예전에 이 구간을 걸었건만 오면서 보니 생각나는 곳은 몇 군데 되지 않고 다 낯설었다. 그때는 정말 날마다 '어떻게 가야 하나?' 하는 불안에 싸여 주변을 살필 여유가 없었다. 사전 준비가 없었던 나로선 동행하던 안내자와 헤어진 후 막막한 상황에 한없이 불안했었고, 천신만고 끝에 산티아고에 도착했을 때는 미움과 분노가 터져 나왔다. 그런데 이번에 순례를 하면서 내가 결코 젊은이들과 동행할 수 없다는 것을 다시금 확인했다. 서로의 문화가 낯설고 어색한 것도 있지만 내가 그들에게 부담만 된다고 느꼈기 때문이다. 이 길은 각자 자기 형편에 맞게 가야 하는 길인데, 나도 이제 나이가 들어 그들을 따라갈 수 없고 그렇다고 그들

벤타스 데 나론을 가리키는 표지판들

이 마냥 나를 데려갈 수도 없다. 어차피 이 길은 주님과 독대하는 길이다. 혼자가 오히려 묵상하고 기도하기에도 좋다.

갈리시아 지방을 걷는 것은 메세타에 비하면 천국과 같은 길이므로 감사한 마음으로 걸었다. 오늘은 민족 화해의 날인데, 우리처럼 동족끼리 대치하고 있는 나라가 전 세계에 또 어디 있을까? 아픈 고통을 봉헌해 보지만 역부족이다. 한국은 지금 더위와 가뭄으로 큰 고생을 하고 있다는데, 이제 모든 것이 회복되어 우리 민족도 평화로이 살았으면 좋겠다. 걷다 보니 아침에 다친 가슴이 자꾸 아파 온다. 무릎과 발목도 고통을 호소한다. 아무리 주의해도 어쩔 수가 없나 보다. 이제 더는 탈이 없게 잘 마무리하고 하루빨리 집으로 돌아가는 길밖에는…. 세상에 나가서도 마찬가지일 것이다. 아무리 조심을 해도 고통이 닥칠 때는 어쩔 수 없이 감내해야 한다. 주님 곁으로 가는 그 순간까지. 그래도 내가 언제 다시 이 길을 걸을 수 있을까? 지금 하루하루 걷는 이 길은 나에게 다시없이 소중한 길일지도 모른다. 세상사에서도 매일매일을 다시 오지 않을 소중한 기회로 삼고 열심히 사는 도리밖에는….

터널 숲길

순례길

　오늘의 목적지인 벤타스 데 나론Ventas de Narón은 도착해 보니 아주 시골이다. 알베르게도 조용하고 쉬기에 적당하여 마음에 쏙 든다. 단층에 마당도 넓은데 외진 곳이라 순례객은 나 혼자다. 주일 미사를 하는 성당도 없다. 오늘은 조용히 성경책이나 읽어야겠다. 그런데 아침에 다친 가슴뿐만 아니라 무릎과 발목까지 자꾸 신경을 건든다. 이제 더 걷고 싶지 않다. 빨리 순례를 끝냈으면 하는 마음뿐이다. 아가서를 읽고 있는데 마음에 와닿질 않는다. 어제는 입맛이 없어도 마침 한국 라면, 김치, 짜장, 햇반을 사서 저녁과 아침을 때웠는데 이제는 아무것도 먹기 싫다. 그래도 걸으려면 먹어야 하니까 억지로라도 먹는다. 나만 그런 게 아니라 대부분의 순례자들이 비슷한 사정이다. 청년들은 거의 매일 즉석 음식으로 때운다. 사실 고생이 이만저만이 아니다. 그래도 순례를 멈추지 않는 것은 이다음에 더 어려운 일을 만났을 때 이 길을 걸었던 추억을 되새기며 잘 버텨 낼 수 있을 거라 생각하기 때문이다.

오늘 저녁 처음으로 피자를 한번 시켜 보았는데 한 조각 이상은 도저히 못 먹겠다. 입에 당기는 음식이 없다. 너무 지쳤나 보다. 아직도 고생을 덜한 것일까? 이제 진통제도 그만 먹고 싶다. 40일 이상을 진통제로 살고 있다. 이 무슨 꼴이람. 내일까지만 걷고 이제 그만 걸어야겠다. 발목은 갈수록 더 아프다. 이제 걸을 만큼 걸었다. 끝까지 걷겠다 결심한 게 바로 어젠데 그새 마음이 오락가락한다. 오늘은 이런저런 투정을 다 부려 본다. 마치 투덜이가 된 것처럼 별의별 것을 가지고 다 투덜거렸다. 그러니 말씀 묵상도 잘 되지 않는다. 이만큼 한 것도 잘했다고 나 스스로를 위로하고 싶다.

텅 빈 알베르게에서 혼자 밤을 보내려나 했는데 다행히 잘 시간이 되니까 5-6살 된 남매를 동반한 부부가 들어왔다. 작은 침낭을 꺼내 아이들을 각자의 침대에 재우고 부부는 나란히 잠자리를 준비한다. 그런데 또 한참 뒤에 노숙자 행색의 이상하게 생긴 외국인 청년이 들어온다. 사람들 눈길을 피해 늦게 살그머니 들어온 것이다. 그렇게 6명이 한 공간에서 잠을 자게 되었다. 속으로 그러지 말자 다짐해 보지만 자꾸 거슬린다. 남매의 엄마도 이상하다며 온 방에 방향제를 뿌리고 소독을 한다. 그 청년이 아무렇지 않게 이곳의 이불을 덮는 것을 보고 그만 이불 덮기가 꺼려졌다. '매일 이런 사람들이 덮고 자는 것은 아닐까?' 나는 얼른 내 침낭을 꺼내 덮었다. 공용 공간이니만큼 남들에게 불쾌감을 일으킬 만한 복장은 삼가는 게 좋겠다. 옷차림으로 그 사람의 믿음을 판단할 수는 없다. 하지만 함께 쓰는 곳에서 남을 배려하는 것은 믿음과는 별개의 문제가 아닐까. ✝

41 오, 주여! 이 손을
벤타스 데 나론 – 팔라스 데 레이 – 멜리데(거리 27.2km)

간밤에는 자면서 처음으로 어린아이의 칭얼대는 소리를 들었다. 어른도 이렇게 힘든데 아이가 부모를 따라와서 얼마나 힘이 들까? 앓는 소리를 내면서 잔다. 처음엔 아이들만 각자 따로 재웠는데 자다가 칭얼거리니 어느 결엔가 부부가 한 아이씩 맡아 그 곁에서 같이 자고 있었다. 그 어린 몸으로 어른들과 함께 걷고 있는 아이들도 대단하고, 아이를 같이 데려올 생각을 한 부모도 대단하게 느껴졌다. 저렇게 자란 아이들은 살면서 어떤 고난에도 쉬 꺾이지 않을 것이다. 아침이 되어도 모두 일어나질 않는다. 나도 그 덕에 늦게까지 누웠다가 제일 먼저 일어나 길을 나섰다. 한참을 걷다 보니 어린 남매와 부부는 짐을 나귀에 싣고 뒤따라 걸어오고 있다. 참으로 이색적이었다. 그 가족을 보며 어제의 복음이 떠올랐다. '너희 가운데 두 사람이 이 땅에서 마음을 모아 무엇이든 청하면, 하늘에 계신 내 아버지께서 이루어 주실 것이다. 두 사람이나 세 사람이라도 내 이름으로 모인 곳에는 나도 함께 있기 때문이다.' 주님의 이름으로 하나 된 가족! 저들이라면 필히 하느님의 응답을 받을 것이다.

도중에 현직 목사님 한 분을 만났다. 이 길을 걸으면서 교인들을

위선자야, 먼저 네 눈에서 들보를 빼내어라. (마태오 7,5)

생각하고 기도하는데 계속 눈물이 난다고 한다. 아직 이유는 모르겠지만 날마다 울면서 이 길을 걷고 있다고 했다. 나는 날마다 깨지고 다치고 터지고 하면서 고통과 함께 걷는다. 그런데도 매번 누군가의 도움으로 정말 신기하게 순례를 이어 오고 있다. 교만이 깨지지 않아 처음부터 부서졌고 그래도 덜 되어 두 번이나 더 부서졌다. 순례 내내 오늘까지 안 아픈 날이 거의 없었다. 자고 일어나면 통증이 더 심하다. 정말 괴롭다. 순간순간 포기하고 싶을 때가 한두 번이 아니지만 아침에 눈 뜨면 진통제를 먹고 또 걷기 시작한다. 그렇게 하루하루의 일정을 이어 온 것이다.

오늘 목적지로 삼았던 팔라스 데 레이Palas de Rei에서 노숙자 행색의 청년을 또 만났다. 어젯밤보다 더 심각한 차림새였다. 바지는 먼지투성이고 윗도리는 벌써 쓰레기통으로 들어갔을 만한 옷을 입고 있었다. 수염도 자랄 대로 자라 지저분해 보였다. 마침 오늘 아침의 말씀은 '먼저 네 눈에서 들보를 빼내어라.'이다. 지금의 내 행색도 그 청년에 비해 나을 게 없다. 거울도 제대로 안 보고 다니니 말해 무엇하랴. 어쩌면 그 젊은이보다 더 초라할지도 모른다. 지금 내가 자기 꼴은 보지 못하고 남의 외양만 탓하고 있다. 이 길을 걷는 누구에게나 주님께서는 각자에게 맞는 훈련을 시키고 계시기에 누구도 남을 탓하거나 비판을 할 처지가 못 되는데 말이다. 누구나 항상 '내 눈의 들보'가 문제다. 주님께서는 '위선자'라고 하셨다. 어쩌면 우리는 내 눈의 들보를 못 보는 것이 아니라 알면서도 스스로에게만 관대한 것은 아닐까? 나는 다 이유가 있어 그런다 치부하고, 남에게만 가혹한 잣대를 들이대는 것은 아닐까?

팔라스 데 레이에서 지난번 순례 때 처음으로 '무니시팔'이라는 단어를 알게 되었던 그 알베르게가 눈에 들어왔다. 그때도 학생들이 캠핑을 와서 무니시팔에 가득 찼었고 그 옆에는 체육관이 있어 학생들이 노는 것을 보았는데, 오늘 와 보니 그 숙소는 이제 문을 닫았다고 한다. 내가 짐을 부쳐 놓은 숙소는 1km를 더 가야 한다. 알베르게가 많은 곳은 찾는 데만도 한참이나 걸린다. 알베르게를 찾으며 걷다가 성당이 보여 들어갔더니 각국 나라말로 기도문이 적혀 있다. 순례객들이 써 놓고 간 것이다. 나도 우리나라 말로 우리 아이들을

멜리데에서 유명한 문어 요리

위한 기도 지향을 쓰고 왔다. 함께 주님을 모시는 가족이 되길 바라면서…. '주여, 부디 저희 가족의 손을 잡아 주소서!'

드디어 맨 끝의 알베르게에 도착했는데 미리 보내 놓은 짐이 없다. 이럴 때 참으로 난처하다. 그런데 다행히 근처 바에 내 짐이 있었다. 애초에는 그곳에서 하루 묵을 생각이었지만, 더 이동해도 시간이 괜찮을 듯하여 내친김에 1시간 이상 버스를 기다려서 멜리데Melide까지 왔다. 이곳은 예부터 여러 산티아고 순례길들이 통과하여 도시가 크게 형성되었다고 한다. 버스에서 내려 이곳의 유명한 풀포pulpo, 문어 요리를 사 먹고 배낭을 메고 오는데 얼마나 무겁던지 가슴이 다시 아프다. 근처 아무 데나 들어가고 싶었다. 그래도 이제는 알베르게까지만 가면 된다. 오는 길에 근처 슈퍼에서 저녁에 나가지 않고 해 먹을 수 있을 정도만 사서 들어와 쉬었다.

이제 사흘만 더 걸으면 순례길의 종착점인 산티아고 데 콤포스텔라에 도착한다. 내일도 좀 많이 걸어서 일찍 도착하고 싶다. 지난번에 걸을 때 내가 심적으로 얼마나 힘들었는지 이번에 다시 걸으면서 알 것 같다. 이번에는 많이 다치는 바람에 더 힘들었지만 그래도 매일 주님의 현존 체험으로 하루하루 행복하다. 드디어 끝이 보인다. ✝

위 _ 리곤데 성당

아래 _ 나귀와 함께하는 순례자

곡식 창고 오레오 : 갈리시아를 여행하다 보면 작은 집 모양의 구조물들을 볼 수 있다. 거의 집집마다 있는데 돌이나 벽돌, 나무로 만들어졌다. 이것이 '오레오(Hórreo)'인데 전통적으로 갈리시아 지방에서 옥수수 등을 보관하는 창고로 사용한다. 땅에서 조금 높게 만들어 쥐가 못 들어오고 통풍이 잘 되어 곡물이 썩지 않게 한다. 지붕 양 끝에 작은 십자가를 붙이는 전통이 있다.(홍사영 신부 著『산티아고 길의 마을과 성당』기쁜소식, 2015년, p.227)

곡식 보관소

42 고행과 보속으로 주님께 가는 길
멜리데 – 보엔테 – 아르수아(거리 14km)

오늘은 아침부터 비가 내린다. 다리에 이상만 없다면 우비를 걸치고 걷는 건 아무 문제가 없다. 빗소리를 들으면서 걷는 것은 나에게는 멋진 낭만이다. 그런데 발목과 무릎과 가슴까지 모두 발걸음을 붙잡고 있다. 이제 진통제마저 떨어져 가고 있다. 아침에 멜리데에서 걸어 나오는데 옛날에 묵었던 곳을 찾아보니 전혀 모르겠다. 어제 풀포를 사 먹은 식당은 기억나는데 그것 말고는 모르겠다. 한참을 걸어도 예전에 걸었던 동네라는 생각이 안 든다.

보엔테Boente 마을에 오니까 예전에 길가의 알베르게에서 어떤 중년 남자와 둘이서 묵었던 생각이 난다. 밤새 둘 다 불안해서 잠을 못 이루다가 남자는 새벽에 일찍 일어나 나보다 먼저 나가 버렸고, 나는 채 어둠도 가시기 전에 알베르게를 나와 도로를 건너 깜깜한 숲길을 걸었었다. 얼마나 무서웠는지 십자가를 꼭 붙들고 걷다가 도저히 안 되겠어서 도로 걸어 나왔었다. 오늘 낮에 그 길을 다시 걸어 보니 옛날 생각이 났다. 여전히 무서웠다. 낮에도 혼자 걷기 만만치 않은 길인데 초행에, 그것도 어두운 새벽에 얼마나 무서웠겠는가? 그때 내가 정말 용감했구나 싶었다. 누구를 믿고? 주님을 믿고!!! 지난번 순

너희는 좁은 문으로 들어가라.(마태오 7,13)

례 때 저녁에 시골 할머니들만 모여서 산타 마리아를 부르며 기도하던 그 성당도 기억이 났다. 오늘 낮에 조용히 앉아서 보니 가운데 야고보 성인이 모셔져 있다. 이번에 산티아고길을 순례하면서 새삼 느낀 것인데, 성모 마리아와 야고보 성인에 대한 스페인 사람들의 신심은 여전히 대단했다.

그다음 동네를 지나면서 냇가가 나오는데, 예전에 할머니들이 거기 나와서 빨래하는 모습을 보았는데 오늘은 비가 와서 그런지 아무도 보이지 않았다. 스페인의 여느 곳과 달리 이곳은 꼭 우리나라 시골 모습이다. 길에는 소들이 다니면서 아무 데나 똥을 싸기 때문에 잘 보고 피해 다녀야 한다. 노인들도 우리와 다를 바 없이 농사도 짓고 양도

보엔테의 산티아고 성당 내부

나귀를 타고 이동하는 어린 순례자들

키우고 과일도 따고 아주 소박한 모습이다. 계속 숲이다. 특히 유칼
립투스 숲이 아주 무성했다. 메세타와는 정말 비교가 되는 곳이다.
한국은 지금 폭염과 가뭄으로 난리라는데 이곳은 여름인데도 한기
를 느낄 정도로 시원하다. 걷는 데 문제만 없다면 얼마든지 걸을 텐
데…. 내 발목과 무릎을 너무 혹사하는 것 같다. 이러한 고행과 보속
으로 주님 곁에 붙어서 떨어지지만 않는다면 이 정도쯤이야. 한국을
떠나오던 날의 말씀이 '나는 포도나무요 너희는 가지다.'(요한 15,5)였
다. 절대로 주님 곁에서 떨어지지 말아야 한다.

　걸어오는 도중에 보니 그저께 벤타스 데 나론의 알베르게에서 함
께 묵었던 어린 남매들이 오늘은 다리가 아픈지 나귀 등에 나란히 타
고 있다. 엄마는 나귀를 끌고 아빠는 무거운 배낭을 메고 한 가족이

나란히 오고 있었다. 아름답고 뭉클한 광경이었다. 어릴 때부터 부모들이 아이들에게 얼마나 멋진 추억을 만들어 주고 있는가. 저 아이들은 엄마 아빠와 함께한 이 순례의 기억을 결코 잊지 못할 것이다. 평생 아름다운 추억으로 남아 두고두고 이 날을 떠올릴 것이다. 짧은 인생을 이렇게 아름답고 멋진 추억으로 살아가야 하는데 우리는 왜 그러지 못했을까? 정말 너무 아쉽다.

아르수아에서

산티아고 순례길 중에서도 사리아 이후부터의 길은 어느 계절에 와도 정말 아름답고 시원하다. 예전에 가을에 왔을 때는 길에 밤과 도토리들이 지천에 깔려 있었다. 그리고 옷 속으로 스며드는 쌀쌀한 가을 날씨 때문에 흠뻑 낭만에 젖곤 했다. 한국에 돌아가서도 그 느낌을 잊지 못해 가을만 되면 숲길을 걸으면서 그때를 추억하곤 했다. 이곳에 다시 오니 비록 발은 아파 괴롭지만 그때의 추억이 떠올라 더없이 감사한 마음이다. 이런 추억이 내 삶과 믿음의 든든한 울타리가 되어 준다. 추억의 실타래는 결국 한 올 한 올 주님을 향해 있다. 비록 이번에 큰 깨달음을 얻지 못한다 해도 주님께 더 가까워진 것만큼은 틀림없다.

오늘도 14km 정도 걷고 알베르게를 찾았다. 아르수아Arzúa 첫머리부터 알베르게가 보였는데, 내 배낭을 보내 놓은 알베르게까지는 거의 1km 이상을 더 가는 것 같았다. 주님께서 항상 끝까지 지켜 주셨지만 무엇인가 제대로 되어 있지 않을 것만 같아 매번 불안하다. 직접 배낭을 메고 걷는 날은 쉬고 싶을 때 적당한 알베르게를 찾아 들어가 쉬면 그만인데, 짐을 미리 부친 경우에는 몸 상태와 상관없이 그곳까지 찾아가야만 한다. 불안감을 안고서 말이다. 오늘도 마찬가지로 열심히 걸어왔는데 벌써 인원이 다 찼다고 한다. 내 배낭은 이 집에 있는데도 말이다. '다리는 아픈데 어쩌지?' 하고 쩔쩔매고 있는데 주인이 전화를 걸어 알아보더니 친절하게도 내 배낭을 들고 옆집으로 데려다준다. 항상 감사한 마음이다. 바로 옆집인데 이 집은 텅텅 비어 있다.

계속 비가 내린다. 이제는 정말 집으로 가고 싶다. 내일부터는 그만 걸어야겠다. 걸으면 이틀 거리인데 내일 바로 차편으로 산티아고로 가서 그곳에서 나머지 여정을 보내야 할 것 같다. 더 먹고 싶은 음식도 없다. 어느 것이 맛있는지도 모르겠다. 새로운 것을 먹어 보면 짜고 입에 맞지도 않는다. 그래도 어쩔 수 없이 먹어야 한다. 오늘의 말씀은 '좁은 문'이다. 좁은 문은 모두가 인지상정으로 욕구하는 것과는 반대의 삶이다. 세속의 삶이 아닌 경건의 삶이며, 멸망의 삶이 아닌 생명의 삶이다. 내가 열어야 할 좁은 문은 뭘까? 앞으로 어떻게 살아야 할지 아직은 감이 오지 않는다. 어떻게 기도해야 할지도 모르겠다. 주님의 은총을 구할 뿐이다. 이제 마지막 마무리만 남은 것 같다. ✝

위 _ 순례길 가을 풍경
아래 _ 순례길 봄 풍경

43 내 영혼이 은총을 입어
아르수아 – 산티아고 데 콤포스텔라(거리 40km)

이제 더는 걷지 못하겠다. 그동안 진통제의 힘으로 다녔는데 어제는 아침에만 먹고 점심, 저녁엔 먹지 않고 잤더니 통증이 만만치가 않았다. 발목, 가슴, 무릎, 세 군데가 동시에 다 아프니 더 이상 억지로 걸었다간 한국에도 못 돌아가겠다는 생각이 들었다. 버스로 이동할 거라서 짐도 부치지 않았다. 마침 알베르게 앞에 정류장이 보인다. 시간을 물어보니 아침 7시 10분에 버스가 있단다. 메세타를 건너올 때 이틀 코스를 남겨 두고 더 걸었다간 일사병에 걸릴 것 같아 레온까지 바로 기차를 타고 이동했는데, 이번에도 이틀을 남겨 두고 차편을 이용한다.

비는 계속 내리고 버스는 1시간 30분을 기다려도 오질 않는다. 추워서 어쩌지를 못하겠다. 마침 세 사람이 모였는데 아무래도 버스가 오지 않을 것 같다고 택시로 가자고 했다. 그들은 도중에 내리고 나는 40유로에 끝까지 왔다. 살세다Salceda, 산타 이레네Santa Irene, 페드로우소Pedrouzo, 몬테 도 고소Monte do Gozo를 다 지나왔지만 여전히 옛날 기억은 나지 않는다. 택시 기사가 열심히 설명해 줬지만 겨우 지명 정도만 알아듣는다. 드디어 산티아고 데 콤포스텔라Santiago de

너희는 그들이 맺은 열매를 보고 그들을 알아볼 수 있다.(마태오 7,20)

Compostela의 '세미나리오 알베르게Albergue Seminario Menor'에 도착했는데 자리가 없단다. 비는 오고 배낭은 무겁고 말은 안 통하는데 어떻게 하지?

마침 전에 라바날 수도원에서 만났던 20대의 간호사 자매를 여기서 다시 만난다.(메세타를 동행했던 간호사 자매와는 별개의 인물) 그녀는 어제 이곳에 왔는데 오늘은 자리가 없어 호텔로 가는 중이라고 했다. 나도 할 수 없이 주님만 믿고 배낭을 메고 다시 길을 나선다. 안내서를 들고 사람들에게 물어물어 언덕길을 오른다. 정말 운 좋게도 길가에 알베르게가 보인다. 다행히 자리가 있단다. 배낭을 맡기고 대성당을 찾아 나섰다. 비는 계속 오고 있다. 순례객들 모두 비옷을 입고 있다. 장장 800km에 이르는 대장정을 끝마친 환희를 만끽하기에는 날씨가 받쳐주지 않는 것 같다. 한참을 걸어가니 대성당이 보이는데 성당 문이 지난번에 보았던 그 문이 아니었다. 정문 쪽은 지금 수리 중이고 옆문을 이용하는 것 같았다. 그때는 정말 어마어마하게 보였는데 이번에는 도중에 큰 성당들을 많이 보아서 그런지 그렇게 커 보이지는 않았다.

물을 한 병 사서 기도부터 해야겠다는 생각으로 줄을 서서 성전에 입장했다. 미사 1시간 전인데도 사람들이 가득하다. 맨 앞에 갔더니 자리가 하나 있었다. 예전에도 맨 앞에 앉았던 기억이 난다. 대성당의 제대 위쪽 화려한 덮개 위에는 말을 타고 있는 산티아고야고보 성인 조각상이 있고, 그 아래의 제대 중앙에는 순례자 복장의 산티아고 반신상이 모셔져 있다. 순례자들은 계단을 이용해 제대 뒤로 가서 이 반신상을 껴안고 기도하고 그 아래 지하 경당으로 내려가 야고보 성인의 유해가 모셔져 있는 성해함에 경배한다. 미사 중에도 기도와 경배 행렬은 계속 이어진다. 미사 중에 사진은 일절 찍지 못하게 한다. 예전 생각이 난다. 그때는 왜 내 마음이 그렇게도 얼어붙어 있었는지 순례를 다 마치고 돌아가야 하는 시점인데도 풀리지 않았었다. 이번에는 초장부터 나의 얼어붙은 마음들을 주님께서 다 깨트려 주셨고 그것도 모자라 수시로 때려 주시는 바람에 혹여 아직도 얼어붙은 마음이 있다 한들 이제 더 자리 잡을 곳이 없게 되었다. 나는 미사를 마치고도 무엇을 빌어야 할지 모르겠다. 이제 내가 더 무슨 소원을 빌겠는가? 오직 '주님의 뜻을 알아차릴 수 있게 해 주소서.'라는 기도밖에는….

　미사 후 성당을 나와 순례증을 받으러 가는데 길을 몰라 몇 번이나 물어보고 번역기를 이용해서 묻기도 하며 아무튼 힘들게 찾아갔다. 사람들의 줄이 얼마나 긴지 2시간 이상을 서 있었다. 모두 각자의 서원을 품고 순례를 시작하여 긴긴 과정의 온갖 어려움을 이겨 내고 마침내 목적지에 다다른 승리자들이다. 순례증을 받으니 가슴 가득 뿌듯함이 차올랐다. 스스로도 한편으로는 자신이 없었고 주변에서도 걱정하며 만류하는 이들이 많았는데…. 좌충우돌 우여곡절 끝에 드디어 해냈구나. 모두 주님의 은총이다. 감사를 올리며 밖으로 나왔다. 이미 식사 때가 지나 배가 너무 고팠다. 먹을거리가 마땅치 않아 이리저리 헤매다가 누군가가 홍합을 먹고 있는 것을 보고 나도 주문하였다. 모처럼 짜지 않고 우리 것과 비슷하여 입에 맞았다. 식사 후 다시 대성당으로 가서 성체 조배실에서 1시간쯤 조배를 하고 알베르게를 찾아 돌아왔다.

오늘 이곳 산티아고 데 콤포스텔라에서, 일전에 라바날 수도원 근처에서 만났던 반가운 사람들을 거의 다 다시 만났다. 나의 권유로 수도원에 함께 머물렀던 현숙 씨, 발목 인대를 다친 자매들, 힘든 코스니 버스 타고 가라고 나에게 권유해 주었던 청년들까지 모두 만났다. 현숙 씨는 그때 독일인과 함께 걸었는데, 내가 그녀를 반강제로 수도원에 데려가는 바람에 그분은 근처 알베르게에서 하루를 더 머물며 기다렸었다. 그런데 그다음 날도 우리가 가지 않으니 그분이 나를 원망(?)하면서 떠나셨는데 도중에 현숙 씨를 기다리고 있었던 모양이다. 산티아고에 그 일행들이 함께 온 것이다. 독일인의 의리는 정말 끝내준다. 상대방이 알아들을 때까지 천천히 영어로 말해 주어서 함께 오는 동안 거의 다 알아들었다고 한다. 독일인이 외모와는 달리 그렇게 친절한지 몰랐다. 발목 인대를 다친 자매는 전혀 걷지 못하니 아마 기도만 하면서 차편으로 바로 왔을 것이다. 나는 그래도 다리를 질질 끌면서 여기까지 왔다. 정말 철저히 혼자서 외로운 순례를 했다. 나에게 이런 시간이 주어지지 않았더라면 글도 쓸 수 없었을 것이고 성경도 보지 못했을 것이다. 정말로 좁은 길을 걸어온 것이다. 어제는 지혜서를 읽었는데 무척이나 마음에 와 닿았다. 평소에 그렇게 지루하게 느껴졌던 지혜서였는데, 이런 깨달음을 주시고자 나에게 철저히 혼자서 가는 순례길을 마련하셨나 보다.

이제 내일은 무시아Muxía와 피스테라Fisterra를 구경하고 이곳에 와

위 _ 산티아고 대성당 옆문

아래 _ 산티아고 데 콤포스텔라 카테드랄 :
카테드랄의 역사는 곧 도시의 역사와 일치한다.
도시의 기원이 산티아고 사도의 무덤이 발견
된 것과 연관되기 때문이다. 813년 은수자 펠
라요(Pelayo)는 리브레돈(Libredon) 언덕의 고
대 로마 요새 유적 근처에서 신비한 빛을 발견
한다. 이 소식은 곧 이리아 플라비아(Iria Flavia)
지역의 주교 테우데미루스(Teudemirus)에게
보고되었다. 주교는 관계자들과 함께 이 지역
을 조사하여, 세 구의 시신이 안치된 무덤을 확
인하였다. 이 중 머리가 잘려진 시신의 묘비에
는 "여기 제베대오와 살로메의 아들, 야고보
가 누워 있다."라고 적혀 있었다고 한다. 다른
두 시신은 산티아고 사도의 제자인 테오도르
(Theodore)와 아타나시우스(Athanasius)로 추
정되었다.(홍사영 신부 著 『산티아고 길의 마을
과 성당』 기쁜소식, 2015년, p.272)

산티아고 대성당의
야고보 성인상과 성해함 :
제대 위 천사들이 받치고 있는 화려한 덮
개 위에는 스페인 왕실 문장과 말을 타고
있는 산티아고 조각상이 있다. 덩굴줄기
로 장식된 솔로몬 양식의 서른여섯 개의
기둥들이 옛 제대를 둘러싸고 있다. 제대
중앙에 순례자 복장을 한 13세기 로마네
스크 양식의 산티아고 반신상이 있다. 성
당에 들어온 순례자들은 보통 먼저 제대
뒤로 가서 이 산티아고의 반신상을 껴안
고 그 아래 산티아고의 유해를 모신 성해
함이 있는 지하 경당으로 내려가 경배한
다.(홍사영 신부 著 『산티아고 길의 마을
과 성당』 기쁜소식, 2015년, p.279)

대형 향로 예식

서 하루 더 자고 바로 포르투갈의 파티마로 가서 순례를 마무리할까한다. 이번 순례를 통해서 내가 무엇을 깨달았을까? 아직은 아무것도 모르겠다. 오늘 성전에 앉아서 어느 때보다도 편안한 마음으로 기도에 잠기고 싶었다. 이곳까지 오는 동안 많은 사람들의 모습과 나 자신의 여러 모습도 보게 되었다. 비록 그들의 겉모습만 볼 수 있지만 다들 나름대로 많은 고민을 하고 왔으리라. 이제 그들이 각자의 답을 찾아가기를 바란다. 나 역시도 아직은 답을 얻지 못했지만, 나에게 맞는 답이 보이기를, 나만의 답을 찾을 수 있기를 기대해 본다.

십우도十牛圖는 마음의 본성을 찾아 수행하는 단계를 어린 동자가 소를 찾는 것에 비유해서 열 가지 그림으로 묘사한 것이다. 오래전에 나는 허성준 신부님으로부터 십우도에 대한 강의를 듣고 난 뒤, 내가 6년 전에 다녀온 산티아고 순례를 이 십우도에 한번 비추어 본 적이 있다.

1. 심우尋牛 : 동자가 소를 찾고 있는 장면이다. 자신의 본성을 잊고 찾아 헤매는 것은 불도 수행의 입문을 일컫는다. 나는 이것을 하느님을 찾는 마음으로 본다. 하루에 한 말씀을 찾아서 하루의 양식으로 삼고 순례길에 나섰다.

2. 견적見跡 : 동자가 소의 발자국을 발견하고 그것을 따라간다. 수행자는 꾸준히 노력하다 보면 본성의 발자취를 느끼기 시작한다는 뜻이다. 순례를 통해 성인들의 삶과 그들이 어떻게 하느님을 알아갔는가를 보면서 나도 차츰 주님의 은혜에 빠져들기 시작했다.

3. 견우見牛 : 동자가 소의 뒷모습이나 소의 꼬리를 발견한다. 수행자가 사물의 근원을 보기 시작하여 견성見性에 가까웠음을 뜻한다. 말씀을 따라가다 보면 하느님의 창조물들이 눈에 들어오고 아름다운 자연에 동화되기도 한다.

4. 득우得牛 : 동자가 드디어 소를 붙잡아 막 고삐를 건 모습이다. 수행자가 자신의 마음에 있는 불성佛性을 꿰뚫어 보는 견성의 단계에 이르렀음을 뜻한다. 하지만 아직은 삼독三毒, 탐·진·치에 물든 거친 본성을 의미하는 검은 소다. 즉 이제 본성을 찾았지만 아직 번뇌가 완전히 없어지지 않았으므로 더욱 열심히 수련해야 한다는 것을 비유한 것이다. 나는 1차 산티아고 순례 때 J양과 헤어진 후 혼자 걷는 길에서 내 속에서 요동치는 온갖 욕정들과 싸우고 있었다. 혼자서 기적적으로 무사히 순례를 마치고 돌아와서는 내 안에 있는 정화되지 않은 온갖 악한 생각, 나쁜 생각들이 나를 잠시도 가만두지 않았다. 그 생각들은 밤낮으로 나의 내면을 괴롭혔고 외부의 공격도 만만치 않았다. 나는 모든 것을 접어 두고 조용히 집에 앉아 교부敎父들의 저서를 하나씩 읽어 보기 시작했다. 그러면서 전에는 깨닫지 못했던 교부들과 수도승들의 이야기에 서서히 공감할 수 있었다. 알게 모르게 내 안에 말씀이 들어가면서 나의 부정적이고 병들었던 모든 부분들을 다 헤집어 놓아 비로소 정화를 시작할 수 있었던 것이다. 그 뒤 날마다 말씀의 은혜에 젖어 내 안에서 일어나는 온갖 지저분한 장애들과 씨름을 했다.

5. 목우牧友 : 동자가 소에 코뚜레를 꿰어 길들이며 끌고 가는 모습이다. 삼독에 물든 본성을 고행과 수행으로 길들여서 때를 지우는 단계로 소도 점점 흰색으로 변화된다. 길들이기 전에 달아나면 다시 찾기 어려우니 깨달음 뒤에 오는 방심을 조심해야 한다는 의미다. 말씀으로 잘 길들여지면 요동치지 않는 단계에 접어들 것이다. 하지만 나는 순례에서 돌아와서 사목회 부회장직을 비롯해 예비자 교리 봉사, 신앙원 교육 등 여러 가지 교회 활동에 지나치게 많은 시간을 소비하고 있었다. 차츰 말씀 묵상의 시간을 놓치고 있었던 것이다.

6. 기우귀가騎牛歸家 : 잘 길들여진 흰 소에 올라탄 동자가 피리를 불며 집으로 돌아오고 있다. 더 이상 아무런 장애가 없는 자유로운 무애의 단계로 더할 나위 없이 즐거운 때이다. 드디어 망상에서 벗어나 본성의 자리에 들었음을 비유한 것이다. 동자가 구멍 없는 피리를 부는 것은 육안으로는 살필 수 없는 본성에서 나오는 소리를 의미한다. 이제 욕망, 욕정이 가라앉고 고요함에 머물러야 하는데 나는 안타깝게도 그 시기를 놓쳤다. 차츰 신앙생활에 회의를 느끼다 급기야는 모든 활동들을 하나씩 접고 2차 산티아고 순례의 길에 오른 이유이다.

7. 망우존인忘牛存人 : 소는 없고 동자만 있다. 소는 단지 방편일 뿐 고향에 돌아온 후에는 모두 잊어야 한다. 즉 본각무위本覺無爲로 돌아왔으나 자신이 깨쳤다는 자만을 버리고 쉬지 않고 수련해야 한다는 것을 뜻한다. 나는 이번 2차 산티아고 순례길에 아무도 동행하지 않고 사전 조사도 걷는 연습도 하지 않은 채 그냥 나섰다. 자만한 것이다. 루르드에 무사히 도착한 후 피레네 산맥을 오르다가 처절하게 부서진 후에야 비로소 자만한 내 모습을 보게 되었다. 내가 오랜 세월 거부해 왔던 예수님이라는 모퉁잇돌에 떨어져 철저히 부서진 것이다. 그럼에도 나는 깨닫지 못했다. 이 순례길을 걷는 내내 고통과 싸우면서도 내가 왜 부서졌는지 모른 채 길을 걷고 있었던 것이다.

8. 인우구망人牛俱忘 : 소도 사람도 모두 실체가 없는 공空임을 깨닫는다는 뜻으로 텅 빈 일원상一圓相만 그려져 있다. 깨침도, 깨쳤다는 법도, 깨쳤다는 사람도 없는 상태가 공空이다. 즉, 정情을 잊고 세상의 물物을 버려 공空에 이르렀음을 비유한 것이다. 나는 한 가지 기도, 우리 가족들의 구원에만 매달리며 이 길을 걸었다. 정을 잊고 물을 버리고 공에 이르러야 하는데 그러지 못하고 아직 집착하고 있다.

새가 실에 묶여 마음껏 하늘을 날지 못하듯이 나는 우리 가족이라는 끈에 묶인 채 내 손으로 그것을 끊어내지도 못하면서 계속 날려고만 허우적거리고 있었던 것이다. 이제 산티아고에 도착해 보니 허무와 절망만이 나를 기다리고 있었던 것이다. 무엇으로 나를 채워야 하는지 여태까지 깨닫지 못하고 있는 것이다.

9. 반본환원返本還源 : 강은 잔잔히 흐르고 꽃은 붉게 피어 있는 산수풍경만이 그려져 있다. 있는 그대로의 세계를 깨닫는다는 것으로 이는 우주를 아무런 번뇌 없이 볼 수 있는 경지를 뜻한다. 즉, 본심은 본래 청정하여 산은 산으로 물은 물로 있는 그대로를 볼 수 있는 참된 지혜를 얻었음을 비유한 것이다. 모든 것이 다 정화되어 있는 그대로를 보는 단계에 이르러야 하는데 나는 여태껏 내 고통에만 매달려 있다. 산티아고 순례의 마지막 날 야고보 성인 앞에서 나는 매일 아프다고 아우성치고 있는 내 모습만 적나라하게 보고 있는 것이다.

10. 입전수수入廛垂手 : 지팡이에 도포를 두른 행각승의 모습으로 많이 그려진다. 이는 육도 중생의 시장 골목에 들어가 손을 드리운다는 뜻으로 중생 제도를 위해 속세로 나아감을 뜻한다. 즉, 진리를 추구하는 궁극적인 목적이 이타행利他行에 있음을 상징한다. 이제 마지막 단계인 파티마 순례를 앞두고 나는 얼마나 정화되었는가? 주님께서 지어 주신 내 본래의 모습으로 언제쯤에나 돌아가게 될지 아직도 길은 멀기만 하다. 그러나 끝까지 포기하지 않고 완주하여 모든 부끄러움들을 물리치리라. 나를 묶고 있던 모든 줄들을 다 끊어 버리고 자유롭게 훨훨 날아서 한국으로 돌아가면 좋겠다. 이제는 내가 먼저 제대로 서고, 나에게서 넘쳐나는 사랑이 이웃으로 흘러넘치기를 기대하면서 말이다. ✝

대서양을 향해 있는 십자가

44 나는 행복해요
산티아고 데 콤포스텔라 – 피스테라 – 산티아고 데 콤포스텔라(거리 172km)

아침에 일어나서 알베르게 주인에게 무시아와 피스테라 Fisterra[1]를 다녀올 수 있는 방법을 알아봐 달라 부탁하니까, 사람들을 모아서 하루 관광으로 35유로에 다녀오는 코스가 있는데 오늘은 손님이 없어 가지 않는다고 한다. 할 수 없이 내일 파티마로 떠날 버스도 알아볼 겸 혼자 버스 정류장으로 가 보았다. 역시 예전의 기억은 전혀 나지 않는다. 마침 10시 정각에 피스테라에 가는 버스가 있다는데 시간을 보니 5분 전이었다. 아픈 다리로 부랴부랴 달려가서 겨우 버스를 탔다. 타고 보니 이것은 정말 기적이 아닌가 싶다. 마침 맨 앞 좌석에 한국인 중년 부부가 타고 있었는데 자기들은 이곳을 다섯 번째 왔다고 한다. 이번에는 산티아고 북쪽을 여행한 후 며칠 전에는 파티마를 갔다 왔고 지금은 이 아름다운 곳에서 며칠 쉴 생각이라 했다. 이미 호텔을 잡아 놓았다고 한다. 나와는 아주 비교

---

1. 피스테라 : 갈리시아 자치지역 서북단에 있는 꽤 큰 항구도시이다. 로마시대부터 이곳은 이미 세상의 끝으로 생각되었다. 어원적으로도 이 지명은 땅의 끝(라틴어, finis terrae)을 의미한다.(홍사영 신부 著『산티아고 길의 마을과 성당』기쁜소식, 2015년, p.285)

나는 너에게 하늘나라의 열쇠를 주겠다.(마태오 16,19)

되는 순례를 하고 있었다. 나는 너무 힘들어 빨리 한국에 가고 싶다고 했더니 혼자서 왔느냐고 묻는다. 그냥 예수님과 함께 왔다고 하면 될 텐데 나를 동정적인 눈으로 바라보는 것이 싫어서 다른 일행은 한국으로 갔다고 얼버무렸다.

피스테라로 가는 동안 창밖으로 대서양의 푸른 바다를 한없이 바라보았다. 가슴이 탁 트이고 눈이 다 시원해졌다. 피스테라에 도착하여 버스에서 내리자마자 반가운 미국인 청년들 콜트와 캘러핸을 또 만났다. 이들은 이미 피스테라 관광을 마치고 돌아가려는 참이었다. 여기를 마지막으로 내일은 미국으로 떠난다고 하면서 또 끌어안고 사진을 찍자고 한다. 참으로 예쁜 청년들이다. 서로가 시간이 없어 차도 한 잔 못 나누고 그냥 헤어졌다. 주소와 전화번호라도 받아 놓을걸…. 헤어지고 나니 미처 생각을 못한 것이 못내 아쉬웠다. 내가 영어를 못한다는 생각만 앞서서 그런 것이다. 앞으로 말할 수 있는 기회가 있을지도 모르는데 말이다. 아무튼 정말 좋은 인연이었다. 그들과 나는 시작과 끝을 함께한 것이다.

버스에서 내려서 3km 정도, 왕복으로는 6km를 또 걸어야 한단

산티아고 순례의 상징인 신발 :
옛 순례자들은 이곳에서 신발과 옷가지 등을 태우며 대서양으로 지는 해를 바라보고 잠들었다고 한다. 그리고 다음 날 깨어날 때, 새로운 인간으로 다시 태어난 기분으로 변화된 삶을 시작했다고 전해진다.(홍사영 신부 著 『산티아고 길의 마을과 성당』 기쁜소식, 2015년, p.286)

다. 나는 또 정보도 없이 나선 것이다. 이제는 걷는 것이 너무 싫다. 나의 몸이 '이제 그만!' 하고 아우성을 치는 것 같았다. 다시 힘을 내어 마지막 워킹이라 생각하고 걷기 시작했다. 계속 바다를 보면서 걸으니까 새로운 힘이 솟아난다. 날씨가 화창해서 너무나 감사했다. 어제처럼 계속 비가 왔다면 이 길은 도저히 엄두를 내지 못했을 것이다. 어제까지 원망하던 마음은 씻은 듯 사라지고 성체 강복의 찬미인 '하느님 찬미'를 계속 부르면서 절룩거리며 올라갔다. 한참을 가는데 갑자기 또 비가 내린다. 그래도 좋다. 얼마나 남았는지 알 수는 없으나 볼수록 아름다운 바닷길이다. 한참을 올라가니까 마지막 산티아고 순례길 표시가 0km를 알렸다. 영화에서나 사진으로 많이 봤던 '구두'가 드디어 모습을 드러냈다.

주변에는 무엇인가를 태우고 간 흔적들이 많이 있었다. 나는 무엇을 태울까? 나의 비좁아 터진 이 못된 마음을 태워 버려야겠다. 다시는 옹졸한 모습으로 살지 않도록 훨훨 태워 버려야겠다. 이제는 새로운 모습으로 다시 태어나길 바라면서 말이다. 한참을 앉아서 바다를 내려다보고 있었다. 어젯밤 이곳에서 묵었더라면 해넘이와 해돋이까지 볼 수 있었을 텐데…. 많이 아쉬웠지만 이것만으로도 나에게는 넘치는 선물이었다. 험난한 순례의 여정을 함께한 내 다리에 고맙다고 말해 주었다. 눈으로는 푸른 바다를 바라보며 마음은 묵상의 바다에 침잠했다. 한참을 그렇게 앉아 있었다. 이윽고, 돌아오는 4시 45분 차를 타기 위해 최대한 빠른 걸음으로 서둘러 내려왔다. 이곳에서 싱싱한 물고기들을 보았지만 시간도 없고 이름도 몰라서 먹을 수 없었다. 돌아오는 길에 이제 모든 순례가 끝났구나 생각하니 홀가분했다. 창밖으로 바다를 보면서 오니까 그동안 밀밭만 보며 걷던 것과는

위 _ 대서양 땅끝에서(순례길 0km 표지석)
아래 _ 피스테라의 야고보 성인 동상

기분이 아주 달랐다. 푸르름이 나를 적시고 왠지 새 희망이 솟는 것 같았다.

내가 어떻게 혼자서 이 길을 아무 준비도 없이 이렇게 올 수 있었을까? 나의 투덜거림에도 매 순간 주님께서 내 곁에 계셔 주셨기 때문이다. 이제 마지막 일주일은 파티마와 산티아고 성당에서 기도와 말씀으로 마무리 지을 생각이다. 내일 12시에 파티마행 버스가 있다고 하니 내일도 편안한 마음으로 늦게까지 자고 일어나 여유를 가지고 마지막 순례지로 떠나야겠다. 산티아고길 순례를 완전히 다 이루어 주신 주님께 한없는 감사를 드린다. 어제까지만 해도 너무 지쳐서 빨리 돌아갔으면 하는 생각뿐이었는데, 오늘 바다를 보고 오니 이렇게 또 마음이 상쾌해진다. 이번 순례에서는 가능한 한 호텔을 이용하지 않으려고 한다. 중년 부부처럼 여유롭게 순례를 할 생각은 없다. 남들이 모르는 고통을 가지고 순례를 하지만 너무나도 행복하고 감사하다. 그러나 아직 주님의 뜻은 헤아리지 못하고 있다.

큰동생을 생각하면 마음이 아프다. 그러나 이제 그런 생각들은 주님의 뜻이 아닐지도 모르니 그만 접어야겠다. 미국 청년들을 보면서 '주님께서 그들을 계속 만나게 해 주시는데 그것보다 더 쉬운 것은 왜 안 이루어 주실까?' 그런 생각이 들었다. 이제 한국에 돌아가면 어떤 계획이 있을까? 지금은 아무 생각도 나지 않는다. 오늘은 우리 교회의 반석인 베드로와 바오로의 축일이다. 그들이 없었다면 우리 교회가 존재할 수 있었을까? 마침 이곳에 와서 베드로, 바오로, 야고보 사도까지 정말 중요한 초기의 인물들을 다시 만나니 믿음이 약해져 가던 나에게 새로운 힘이 되었다. 나도 우리 집안의 반석이다. 그렇다면 그 정도의 고통쯤은 감당해야 하지 않을까? 주님! 감사와 찬미를 드립니다. ✝

Camino de Santiago

CHAPTER 6

파티마 발현
100주년의 해

45 평화로운 어머니 품으로
산티아고 데 콤포스텔라 – 포르투갈 파티마

오늘은 느지막하게 일어나 파티마Fátima[1]로 떠날 준비를 했다. 산티아고길 순례 일정이 이틀 일찍 끝나서 파티마에 갈 수 있게 되었다. 오늘의 말씀처럼 "이제 저를 깨끗하게 해 주소서."라는 기도 외에 다른 것은 아무것도 생각나지 않는다. 알베르게에서 버스 터미널까지 보통은 걸어서 15분이면 충분한 거리인데 무릎과 발목이 아파 걷기가 힘들다. 그래서 콜택시를 불러 타고 갔다. 12시에 버스가 출발하여 파티마까지 8시간 걸린다는데 오늘은 아무도 아는 사람이 없어 혼자서 떠난다. 너무 지루했다. 무릎이 아프니까 다리를 들었다 놓았다 하느라 편안히 갈 수가 없다.

중간에 1시간을 쉬는데 바도 없는 거리에 차를 세워 두고 알아서 쉬란다. 아무 생각 없이 나섰기에 간신히 샌드위치와 콜라 하나 사서

---

1. 파티마 : 제1차 세계 대전이 한창때인 1917년 5월 13일, 지금의 성모 마리아 발현 성당이 있는 언덕에서 양을 돌보던 세 어린이 앞에 성모 마리아가 나타나 앞으로 5개월 동안 매월 13일 이곳에 나타나 평화를 위해 기도하겠다고 했다. 이 일은 그해 10월 13일까지 여섯 차례 일어났고 수많은 사람들에 의해 확인되었다. 1930년 10월 13일 레이리라 주교가 이를 공인하였고, 이어 로마 교황이 확인하여 이곳 파티마에 대성당이 건립되었다.(은효진 著 『세계 성모 발현지를 찾아서』 p.110 참조)

내가 하고자 하니 깨끗하게 되어라.(마태오 8.3)

들고 추운 데서 벌벌 떨었다. 예전에는 3명이 동행했었는데 어떤 바에 들러 편안히 먹고 별로 지루하지 않게 갔던 기억이 난다. 중간중간 쉬면서 화장실도 가는데 나는 모르는 곳이라 계속 긴장만 하며 간다. '이제 숙소는 또 어떻게 정하지? 호텔로 해 볼까? 아니면 예전에 묵었던 무니시팔을 찾아갈까?' 이런저런 생각을 하면서 어느덧 8시간 만에 파티마에 도착했다. 이곳 포르투갈은 스페인에 비해 시간이 1시간 느리다. 한국과는 9시간 시차가 있다. 터미널에서 내려 성당을 찾아가는데 바람이 얼마나 세게 부는지 마음이 조급해진다.

예전의 그 무니시팔은 아무도 모른단다. 할 수 없이 호텔을 이용해야 하는데 별 3개짜리 호텔에 갔더니 하룻밤에 51유로라고 한다. 나흘을 머물러야 하는데 이건 너무 비싸다. 다시 나와 한참을 걸으니 게스트 하우스가 있다. 들어와 보니 호텔과 별 차이가 없다. 하루 25유로니 나흘 동안 써도 좋겠다. 생각지도 않게 숙소가 쉽게 해결되었다. 이제 먹거리를 찾으려고 돌아다녀 보니 이곳은 슈퍼마켓도 안 보이고 예전의 그 중국집도 어두워서 못 찾겠다. 그런데 뷔페식당이 있다. 이것저것 골라서 먹는데 가격도 저렴하고 괜찮다. 단팥죽 비슷한

파티마 바실리카 대성당 :

30만 명을 수용할 수 있는 광대한 광장 북쪽에 있는 네오 클래식 양식의 대성당이다. 중앙에 64m 높이의 탑이 있고 좌우의 주랑에는 그리스도의 수난을 그린 벽화가 있다. 제단 왼쪽에는 히아친다 마르투와 프란치스코 마르투의 묘가 있다. 그들은 불과 9세와 10세의 어린이였다.(은효진 著 『세계 성모 발현지를 찾아서』 p.121)

파티마 바실리카 대성당의 내부

것도 있었다. 식사 후 숙소로 돌아와서 샤워를 했다. 모처럼 욕조가 있는 샤워실인데 수도꼭지의 성능이 별로다.

그동안은 몰랐는데 내 머리가 한 움큼씩 빠진다. 영양이 부실하여 머리부터 빠지기 시작하는가 보다. 하루하루 대충 식사를 때우니 그럴 수밖에…. 어서 집으로 가야겠다. 어제 알베르게에서 순례객들이 식사 하는 것을 보니까 부엌이 없어서 다들 즉석 식품을 사 와서 대충 끼니 를 때우는데 모두 많이들 먹었다. 몇 시간 동안 식사를 하던 어떤 노인 은 오늘 아침에 보니까 자기 키보다 훨씬 높은 배낭을 지고 나갔다. 이 런 배낭을 메고 온종일 걸어야 하니 많이 먹어야 한다는 것이었다. 그 런데 나는 오히려 더 안 넘어간다. 이제 이곳에 어머니 품에 왔으니 내 일부터는 이번 순례의 의미가 무엇인지 차분히 묵상하며 기도해야겠 다. 매일매일 주님께서 돌보아 주시는 그 엄청난 은혜의 뜻이 무엇인 지 깊이 깨달아지기를 바란다. 우선 온몸이 치유되면 좋겠다. ✝

46 성모님이 나를 부르시네
파티마 2일차

어젯밤 처음으로 게스트 하우스에서 편안한 밤을 보냈다. 실로 오랜만에 사람들의 코 고는 소리도 안 듣고, 밤에 몇 번이나 일어나도 미안해할 필요도 없었다. 혼자라서 누릴 수 있는 자유다. 그러나 밀려드는 외로움은 어찌할 수 없었다. 내가 왜 이곳까지 왔을까? 무슨 답을 얻고자 여기까지 왔단 말인가? 어젯밤에는 파티마 광장에서 아베 마리아Ave Maria 소리가 계속 들렸다. 마음으로는 함께하고 싶었지만 너무 피곤하고 추워서 나갈 엄두가 나지 않았다. 아침에 눈을 뜨니 날이 훤하다. 카미노라면 벌써 몇 시간이나 걸었을 시간인데…. 한국에서 여기저기 내 소식이 궁금해서 카톡이 와 있다. 사람들은 내가 안 보이니까 여러 가지 추측을 하면서 혹시 냉담자가 된 것은 아니냐고 걱정하기도 한다. 그런데 아직 내가 여기 왜 왔는지도 모르니 마땅히 답을 할 수가 없다. 오늘부터 진통제는 먹지 않으려고 하는데 여전히 발목과 무릎과 가슴이 아프다.

근처 바에서 카페 콘 레체café con leche, 밀크커피와 빵 한 조각을 먹고 한참 걸어가니 슈퍼가 있어서 먹거리를 조금 사다 놓았다. 이곳에선 슈퍼는 거의 눈에 띄지 않고 온통 성물방과 레스토랑과 호텔만 있다.

가거라. 네가 믿은 대로 될 것이다. 바로 그 시간에 종이 나았다. (마태오 8,13)

천천히 광장으로 갔더니 성모님 발현 장소가 보인다. 어느새 사람들로 꽉 차 있다. 언제 이렇게 많은 사람들이 이곳에 왔단 말인가? 올해는 성모님의 파티마 발현 100주년이라 예전보다 사람들이 더 많겠지? 묵주를 들고 나도 함께 기도한다. 기도를 마치고 나서 성체 조배실인가 싶어 찾아갔더니 그곳은 대형 미사를 하는 장소였다. 마침 11시 미사 시간이었다. 나도 모르게 발걸음을 옮겼는데 미사를 볼 수 있게 된 것이다. 20명 정도 되는 사제가 입장하고 그 큰 장소가 어느새 사람들로 가득 찼다. 이 많은 사람들이 이 근처 숙소에 다 머물고 있는 것이다. '모두들 다 주님께 특별한 지향을 가지고 기도하고 있겠지? 나는 무엇 하러 여기 왔을까? 내가 한국으로 돌아가기 전에 답을 얻을 수 있을까?'

이곳에선 환자 외에는 아무도 스틱을 안 잡는데 나는 스틱 없이는 한 발자국도 옮기기 어렵다. 광장이 얼마나 큰지 걸어 다니기도 힘들다. 예전에는 이곳 속죄의 길에서 무릎 기도를 필수로 했는데 오늘은 그것도 생략한다. 지난번에 이 부근의 중국집에서 맛있게 먹었던 기억이 나서 오늘 일부러 찾아가 보았더니 장사가 안 되었는지 레스토랑으로 바뀌고 없다. 이제 더 아무것도 먹고 싶지가 않다. 그러나 때가 되면 화장실도 가고 배도 고프다. 그 옛날 조용히 앉아 있었던 성체 조배실을 찾지 못해 돌아다니는데, 그때는 보이지 않았던 개별 고백실이 눈에 띄었다. 각 나라 말로 봉사자들의 안내를 받아 줄을 서서 고백을 하고 있었다. 하지만 한국말 안내자는 없었다. 다시 돌아나와 구글 번역을 이용해 봐도 안 되어 할 수 없이 봉사자에게 손으로 동그라미를 그리면서 기도하는 곳을 물었더니 금방 알아차리고 나를 조배실로 안내해 준다. 정말 신기하다. 서로 느낌이 통하는가 보다.

조배실에 앉아 있는데 피곤이 몰려오고 목이 말랐다. 1시간 정도 있다가 다시 숙소로 돌아와 잠시 눈을 붙였다. 오늘의 성구에서 백인대장百人隊長은 자기 종을 살려 달라고 주님께 부탁한다. 주님께서는 친히 가서 고쳐 주겠다 하셨지만 그는 로마군의 장교인지라 주님을 자기 지붕 아래로 모실 자격이 없으니 그저 한 말씀만 해 주시면 자신의 종이 나을 거라 말한다. 주님은 그 믿음을 보시고 "가거라. 네가 믿은 대로 될 것이다."라고 하신다. 나는 우리 큰동생을 위해서 기도한다. 무슨 일이 있는지 전화도 안 받는데, 내 믿음대로 동생이 안정을 찾기를 바란다. 백인대장과 같은 믿음이면 능히 동생의 어려움도 해결할 수 있으리라. 이렇듯 그날그날의 말씀마다 내 상황에 딱 맞는 깨우침을 준다. 집을 떠나 순례를 와 있는 지금이 성서를 읽기에 가장 좋다. 말씀이 눈에 제일 잘 들어온다. 오늘도 조용히 앉아 말씀을 읽으려고 했는데 몸이 너무 피곤하다.

오늘 이곳에서 이틀째를 지내고 있는데 너무 지루하게 느껴진다. 음식을 먹고 싶은 의욕조차 없다. 몸과 마음이 지칠 대로 지쳤나 보

위 _ 성모님 발현 장소

아래 _ 성모 마리아 발현 대성당 옆에 있는 떡갈나무 : 루치아, 프란치스코, 히야친다 세 어린이가 성모님의
발현을 보기 위해 기다리고 있던 곳이다.(은효진 著 『세계 성모 발현지를 찾아서』 p.111)

대성당 입구의 대형 묵주

다. 지친 것도 이유지만 걷지 않는 만큼 편하니 긴장이 풀리고 늘어진다. 카미노를 걸을 때는 날마다 내가 해야 할 분량이 있었기에 힘들어도 움직여야 했고 먹고 싶지 않아도 억지로 먹어야 했고 또 그런대로 무엇이나 먹을 수가 있었다. 그런데 여기서는 특별히 해야 할 일도 없고 먹고 싶은 의욕도 안 생긴다. 그렇다고 자고 싶은 마음도 별로 없다. 그야말로 무기력하다. 라바날 수도원의 인 신부님이 말씀하신 허무감이 바로 이런 걸까? 이 무기력의 끝에 속 시원한 깨달음이 기다리고 있을까?

카미노를 마친 젊은이들은 다른 곳을 더 여행하기도 하고 한국으로 돌아가기도 한다. 나는 여행은 더 이상 하고 싶지 않다. 발목이 아프니 꼼짝할 수도 없다. 내가 여기 온 목적을 찾아야 하는데 아직 모르겠다. 왜 왔는지 정말 모르겠다. 나의 이런저런 의도는 있지만 그것이 주님의 뜻인지 확신이 서지 않는다. 돌아가서 무엇을 할지도 모르겠다. 다만 이제는 분명 예전의 나는 아닐 것이다. 순례를 통해 접했던 많은 성지와 성당과 성물 그리고 기적의 현장들, 여러 모습으로 나에게 가르침을 준 자연과 사람들, 수많은 체험과 말씀과 묵상들…, 이 모든 것들이 내 신앙을 키우는 자양분이 될 것은 분명하다. 오늘

대성당의 십자가

은 아무것도 할 의욕이 안 생긴다. 그저 조용히 주님 앞에 머무르고 싶다. 성모님께서 발현하신 이곳에 머물며 위로를 받고 싶다.

밤에도 성모님 앞에서 미사를 봉헌했다. 촛불 행렬을 하기 위해 저녁도 먹지 않고 기다렸다. 자리가 없어 돌 의자에 세 시간째 앉아 있었더니 드디어 배가 아프기 시작했다. 갑자기 배가 아파 촛불 행렬도 마무리하지 못하고 급히 숙소로 돌아왔다. 이제 아픈 곳이 하나 더 추가되어 집으로 돌아갈 수도 없으면 어떡하나? 주님의 은혜에 흠뻑 젖은 순례를 마치고도 왜 이리 가라앉을까? 자칫 경솔할까 봐 숨을 죽이시려는 걸까? 제대로 된 포도주를 빚기 위한 발효와 숙성의 시간일까? 어쩌면 무의욕, 무기력이 긴 순례 끝에 휴식을 취하며 몸을 회복하라는 주님의 배려인지도 모른다. 그런 와중에도 하루에 두 번이나 미사를 봉헌할 수 있었던 것은 오늘의 축복이었다. ✝

묵주기도의 길(속죄의 길)

47 베를린 장벽이 무너지듯이
파티마 3일차

어젯밤에 숙소로 돌아와 그대로 쓰러졌는데 내내 지쳐 자다가 늦게야 일어났다. 아침에 한국의 본당 수녀님으로부터 내 안부를 걱정하는 문자가 왔다. 내 상황을 곧이곧대로 말씀드릴 수가 없어 모든 것을 무사히 끝내고 기도로 마무리를 하고 있다고 했다. 모두 나를 부러워하고 있을 테지만 실제로는 너무 지루하다. 살다가 이렇게 지루할 때가 오면 어떻게 대처를 해야 할까? 병석에 누워서 아무 역할도 못 하고 있으면 그렇게 되겠지? 우리 부모님도 오랜 병석에서 삶이 얼마나 지루했을까? 요즈음 내 동생의 마음도 그럴 것 같다. 아직은 일을 할 수 있는데 마땅한 일자리가 없는 것 또한 삶을 지루하게 만든다. 다행히도 나는 그동안 정말 바쁘게 일생을 잘 살아온 것 같다. 그런데 모처럼의 휴가를 만났는데 왜 내가 주님 안에서 평화를 누리지 못하고 이렇게 지루해할까? 지금은 아무것도 생각지 말고 성서에 맛들이라고 시간을 주신 것일 텐데….

내가 지금 이렇게 무기력하게 있을 때가 아니다. 어제 사다 놓은 간단한 음식 몇 가지를 억지로 먹고 나서 다리를 절며 성전으로 갔다. 어제는 미사가 11시에 있었는데 오늘 시간은 12시 30분이었다.

끝까지 견디는 이는 구원을 받을 것이다.(마태오 10,22)

성전에서 2시간 동안 성경을 읽으며 기다렸다. 오늘 주님께서는 '끝까지 견디는 이는 구원을 받을 것이다.' 하신다. 믿음으로 인하여 당하는 박해를 이겨 내라고 하신 말씀이다. 오늘은 마침 우리 역사 속의 순교자 김대건 안드레아 신부님 축일이다. 한국의 첫 사제로서 박해의 어려움 속에서도 활발한 전교 활동을 펼치다 25살에 순교하신 분이시다. 놀랍게도 내가 산티아고에 올 때마다 김대건 신부님의 축일을 경험한다. 예전에 9월에 왔을 때도 성당마다 신부님 축일을 기억하여 미사 때 강론을 하는 것을 보고 정말로 놀랐었다. 그런데 오늘은 산티아고가 아니고 파티마라서 그런지 아니면 내가 강론을 못 알아들어서 그런지 신부님의 이름은 들리지 않는다.

이곳에서는 아기들을 보는 것이 더없이 기쁘다. 이보다 더 순수하고 맑을 수는 없다. 백인은 백인대로, 흑인은 흑인대로 아기들은 모두 너무너무 귀엽다. 한번 안아 보고 싶지만 그럴 수는 없으니까 눈으로만 보고 미소 짓고 만다. 그런데 그냥 그렇게 보는 것만으로도 삶에 활력을 준다. 오늘 아침에도 흑인 아기를 보았는데 온통 새까맣고 머리카락조차 꼬불꼬불 그야말로 신기하다. 외국인들은 음식 때문인지 몸매가 엉덩이부터 다리까지 살덩이가 뭉쳐져 있다. 정작 발은 조그마한데 그러니 걸음을 어떻게 걸을 수 있겠는가? 개중에 간혹 날씬하고 멋진 사람들을 보면 관리를 어떻게 했기에 저럴 수 있을까 싶기도 하다. 사람들의 모습을 지켜보는 것도 나름 재밌다. 하느님의 창조물을 감상하는 즐거움이랄까?

발목이 아파 가급적 걷지 않으려 하고 있다. 겨우 몸을 움직여 이곳 레스토랑에서 이름도 알지 못하는 해물밥 비슷한 요리와 콜라를 점심으로 시켰는데 다행히 짜지 않아서 먹을 수가 있었다. 사람이 입맛을 잃을 때가 가장 견디기 힘든 것 같다. 점심 먹고 숙소로 돌아와 나가지 않고 그냥 누워서 쉬었다. 낮잠을 자도 피로가 풀리질 않는다. 일어나 김대건 신부님에 대해 좀 더 묵상해 본다. 신부님은 천주교 때문에 집안이 몰락하고 자신도 어렵사리 공부를 마치고 사제가 되었건만 1년도 못 되어 그만 순교를 하셨다. 그분은 그 젊은 나이에 그토록 서슬 푸른 박해에도 불구하고 어쩜 그렇게 당당하게 순교의 칼을 받았을까? 그런데 나는? 나는 지금 왜 이렇게 한심한 소리를 내뱉고 있는가? 지난 세월 넘긴다고 너무 힘들고 외로웠지만 지금 주님께서 최상의 삶을 선물해 주셨는데, 내가 지금 무슨 소리를 하고 있는지 모르겠다. 아무것도 하기 싫다느니 지루하다느니 복에 겨운 소리를 하는 내 모습이 어처구니없고 한심스럽다.

왜 이러는 걸까? 단지 너무 지쳐서? 아니면 이국에서 말도 통하지 않고 미사와 기도 말씀조차 아무것도 알아듣지 못해서일까? 그렇다면 한국에서의 그 풍성한 삶들을 나는 지루해하지 말았어야 했다. 그런데 거기서도 나는 똑같은 소리를 하지 않았던가? 이번 순례를 통해서 내가 바뀌지 않는다면 이 고생을 하면서 여기까지 온 보람이 전혀

파티마 성모상(총알 박힌 왕관) :

1981년 5월 17일 바티칸의 성 베드로 광장에서 신자들을 만나던 교황 요한 바오로 2세를 저격한 터키인 메멧알리 아그카가 쏜 총알을 성모상 왕관에 넣고 제작하였다. "저는 저를 저격한 우리의 형제를 위해 기도하고 있습니다. 저는 세상을 위해 그리고 교회를 위해 제 고통을 바칩니다."(1981년 5월 17일 성 베드로 광장에서 자신을 저격한 터키 청년을 용서하는 성명을 발표하면서) "메멧알리 아그카 씨를 원망하지 않습니다. 제게 한 행동을 모두 용서합니다. 우리는 하느님의 품 안에서 한 형제이니까요."(1983년 12월 28일 자신을 저격한 아그카가 복역 중인 로마 교외의 레비비아 교도소를 찾아서)(은효진 著『세계 성모 발현지를 찾아서』 p.131)

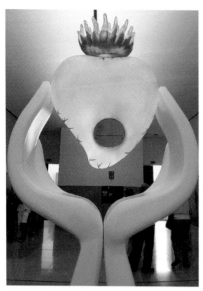
성체 상징

없는 것이다. 한국에서는 얼마 전까지만 해도 가뭄으로 논바닥이 다 타 들어 가더니만 지금은 장마가 시작되어 물폭탄 때문에 고생이라고 한다. 인간의 변덕스러운 마음을 하늘은 다 알고 계신다. 내 마음의 변덕을 돌아볼 때다. 과거의 신앙 선배들은 외부의 가혹한 박해에 맞서 목숨을 걸고 믿음을 지켜야 했지만 지금 우리에게 그런 고난은 없다. 모두 나름의 어려움은 있겠지만 어느 누구의 상황도 그 옛날에 비할 바가 못 된다. 기껏해야 생활의 어려움, 관계의 어려움, 내면의 어려움이지 신앙 때문에 목숨이 위태로울 일은 좀체 없다. 절망적인 외부 환경보다는 내면의 나약함이 나의 신앙을 좀먹는 적이다. 나는 더 단단해져야 한다.

이제 내일 하루만 더 쉬면 스페인으로 떠난다. 이곳에 있을 때 성모님과 더 친숙해질 수 있기를 바란다. 지금 비록 모든 의욕을 탈탈 털어 버린 기분이지만 성모님을 사모하고 주님 안에서 나의 쓰임을 꿈꾸는 본바탕이야 다를 바 없다. 그런 소망을 안고 성모님 계시는 경당 안에서 저녁 촛불 행렬에 참가했다. 큰 문 안에 사람들로 둘러싸여 꽤나 더웠다. 이어서 십자가 행렬과 성모님 꽃 행렬까지 함께 광장을 돌았다. 예전에 이런 행렬로 온 동네를 한 바퀴 돌았던 기억이 난다. 그때는 몹시 흥분되고 새로웠는데 지금은 내 마음 안에서 모든 것이 그저 시들하다. 내 안의 적이 가장 무섭다. 끝까지 견뎌야 한다.

이곳 파티마 성지에는, 공산주의의 몰락이라는 성모님의 예언이 실현된 것을 기념하기 위해, 무너진 베를린 장벽의 잔해 일부가 전시되어 있다. 독일에서 살던 포르투갈인들이 가져다 세웠다고 한다. 나는 그것을 볼 때마다 절로 기도가 나왔다. 평화의 성모님의 예언대로 베를린 장벽이 순식간에 무너졌듯이 우리 민족의 분열된 마음과 남북을 가르는 경계도 함께 무너져 하루속히 평화통일이 되었으면 좋겠노라고…. 1917년에 성모님께서 세 목동에게 발현하신 지 꼭 100주년이 되는 올해에 정말 뜻깊은 순례를 하고 있는데, 내 마음의 분열과 허위와 교만은 지금 정말 무너져 내린 것일까? 절대 무너지지 않을 철옹성 같던 베를린 장벽도 결국 무너졌다. 내 마음의 장벽을 허무는 일은 나에게 달렸다. 주님의 은총과 성모님의 사랑을 구하옵니다. ✝

전시된 베를린 장벽 잔해의 일부

48 부서져야 하리
파티마 4일차

오늘은 성 토마스 사도의 축일이다. 아침에 큰동생에게 문자를 넣었더니 모처럼 소식이 왔다. 전화를 걸었더니 가라앉은 목소리로 받는다. 만사가 다 귀찮을 때는 정말 아무것도 하고 싶지 않고 사람들도 다 피하고 싶은 심정일 것이다. 아버지가 돌아가시고 나서 큰동생과 나는 비슷한 정신적 시련을 겪었었다. 서로 그런 걸 모르다가 나중에야 알게 되었는데, 돌이켜 보면 깊은 우울과 불면으로 죽고만 싶었던 나날이었다. 큰동생은 그런 시련을 지금 또 한 번 겪고 있는 것이다. 나도 물론 그 고통에 동참하고 있다. 아무것도 하기 싫다. 의욕 자체가 없어진다. 아침에 겨우 일어나 내일 산티아고로 갈 버스표를 사러 갔다. 여전히 걷기가 힘들다. 내일 아침 9시 15분 버스라 일찍 갈 수 있을 것 같다. 돌아오면서 돈도 조금 더 찾고 물도 2리터짜리 하나 사 들고 바로 성전으로 갔다.

잠시 후 미사가 시작되었다. 큰동생의 고통에 동참하면서 미사를 봉헌했다. 나와 우리 가족뿐만 아니라 삶의 의욕을 잃고 사는 모든 사람들을 위해서…. 미사 도중 어린애가 계속 울어댄다. 그 넓은 성전에서 어린애가 울어대는데 아무도 신경 쓰지 않는다. 엄마도 데리

의심을 버리고 믿어라. (요한 20,27)

고 나가지 않고 끝까지 아기를 달래며 칭얼대는 이유를 찾아 기분을 맞춰 준다. 참으로 놀랍다. 나는 미사 중에 말을 못 알아들으니까 주변에 있는 아기들의 재롱을 지켜볼 때가 많다. 그 순간만은 절로 미소가 지어지고 마음에 행복감이 찾아든다. 그런데 미사를 마치고도 기분이 전환되지 않는다. 무기력이 제일 무섭다는 것을 실감한다. 깊이를 알 수 없는 심연 속에 가라앉은 느낌이다.

낮에 여기 파티마는 매우 덥다. 산티아고에서는 계속 비가 내려 덥다는 것을 못 느꼈는데 여기는 비는 안 오는 대신 찌는 듯 덥다. 미사 후 아픈 발목을 끌고 약국을 찾아다녔다. 외국에는 파스가 없다는데 정말 그럴까? 약국에 가서 설명했더니 멋진 파스를 준다. 진작에 물어볼 것을…. 답을 얻으려면 물어봐야지 혼자 지레짐작으로 체념하거나 포기해서는 영영 답을 얻을 수 없다. 호기심과 용기는 지나치면 때로는 화를 부르기도 하지만, 잘 쓰면 의외로 쉽게 답을 구할 수 있는 유용한 도구다. 그런데 아무리 약을 발라도 아픔이 가시지 않는다. 얼마나 끈질긴지 끄떡도 않는다. 언제까지 이렇게 절고 다닐지 모르겠다. 내일 버스 정류장까지 걸어갈 자신도 없다.

숙소에 돌아와 빨래를 하기 시작했다. 빨래할 공간이 마땅치 않아 하나씩 하나씩 비누칠해서 씻어나갔다. 때와 먼지를 벗고 다시 깨끗해지는 빨래를 보며 내 안의 무기력도 빨래하듯 시원하게 씻어내고 싶다는 생각이 들었다. 내 영혼이 본래의 산뜻한 색깔을 되찾기를 바란다. 그나마 이 방은 나만의 공간이기에 빨래 너는 것은 내 맘대로 할 수 있다. 햇빛을 잘 받는 곳에다 전부 널어놓았다. 내일이면 이곳을 떠나 다시 길을 나선다. 그 전에 성체 조배실을 찾아가 머물기로 했다. 오늘은 지혜서를 읽기로 작정하고 갔는데 1시간 정도 지나니까 졸음도 오고 집중이 되질 않는다. 무엇이라도 먹어야 하는데 먹기가 싫다. 먹을 것을 살 만한 마땅한 슈퍼도 없다. 억지로 뷔페를 찾아가서 채소와 고기를 조금 먹었다. 콜라는 이제 필수가 되었다.

오늘 친구 아가다에게서 문자가 왔다. 왜 이렇게 소식이 없냐고…. 많은 사람들이 안부를 묻는데 아직 아무한테도 소식을 전할 마음이 안 생긴다. 한국에 돌아가서도 이러면 어떻게 할까? 무엇이 잘못되어 내 마음이 이렇게 냉랭한지 모르겠다. 아무튼, 내일이면 이곳을 떠난다. 무기력함도 만사 시들함도 냉랭함도 더불어 떨쳐 버릴 수 있으면 좋겠다. 무언가 실마리를 찾고 싶어 오늘도 저녁 촛불 행렬에 참가했다. 기다리는 동안 앞자리에 앉아 묵주 기도를 하고 있었다. 그런데 그 자리에서 생각지도 못했던 선물을 받았다. 성모님 행렬이 시작될 때쯤 주교님 세 분이 내 옆에 계셨는데 그중 한 분이 갑자기 나에게 안수의 자세를 취하신다. 내가 머리를 숙였더니 바로 머리에 안수를 해 주신다. 내 옆의 사람들도 졸지에 나 때문에 같이 안수를 받았다. 성모님께서 나의 이 지루하고 무기력한 마음을 아셨는지 주교님을 통해 위로해 주신 것이다. 이 일을 계기로 4일간의 지루함에서 벗

성모님께 인사하고 파티마를 떠나면서

어날 수 있을 것 같아 무척 감사했다. 그동안 아무것도 하고 싶은 생
각이 없어 사진도 찍지 않았는데 오늘은 밤중에 몇 컷을 찍었다. 조
금씩 의욕이 살아나려나?

오늘이 토마스 사도의 축일인데 토마스는 큰동생의 세례명이기도
하다. 예수님께서 당신의 부활을 믿지 못한 제자 토마스에게 나타나
시어 "평화가 너희와 함께!"라고 하신 것처럼 내 동생에게도 삶의 평
화와 더불어 어떤 체험을 주시어 주님을 굳게 믿을 수 있게 해 주시
면 좋겠다. 의심은 불신 또는 불확신에서 온다. 의심이 깨지면 믿음
이 확연해진다. 사람들은 눈으로 본 것은 쉽게 믿지만 그러지 않은
것은 상식이나 의식 수준에서 판단한다. 하지만 주님이 어디 누구의
의식 테두리에 갇히실 분인가? 그러니 이성과 의식과 지식과 상식만
으로는 주님께 다가갈 수 없다. "보지 않고도 믿는 사람은 행복하다."
그렇다. 그런 순수한 믿음이라면 누구라도 행복할 것이다. 그 삶에
평화가 함께할 것이다. ✝

촛불기도 행렬

49 일어나 걸으라
파티마 – 포르투

오늘 아침 드디어 성모님께 인사드리고 일찍 버스 정류장으로 갔다. 택시가 안 보여 할 수 없이 스틱에 의존하여 걸었다. 출발을 1시간쯤 남겨 두고 괜히 물어보고 싶은 마음이 들어 안내원에게 물었더니 이게 웬일인가? 스페인에서의 버스 파업으로 이틀간 산티아고행 버스 노선이 운행하지 않는다고 한다. 버스로 포르투 Porto까지 가서 거기서 기차로 산티아고로 가라는 것이다. 너무 황당했지만, 기차로는 갈 수 있다는 희망으로 버스표를 다시 끊어 출발했다. 말도 전혀 통하지 않고 한국인도 하나 보이지 않는 이국땅에서 그나마 버스를 타고 있다는 것이 너무나 감사해서 포르투까지 가는 2시간 동안 내내 감사 기도를 드렸다.

버스에서 내려 물어보니 여기서도 산티아고로 가는 버스는 없다고 한다. 택시를 타고 기차역으로 옮겼다. 거기서 다시 물으니 이번에는 기차도 없단다. 가장 빠른 기차가 내일 있고 그마저도 직통이 아니라 갈아타야만 한단다. 정말 다행히도 비행기 탈 날짜가 아직 남아 있어서 그나마 덜 당황했다. 이곳이 유명한 '포르투' 항구라는 말은 많이 들었으나 주변을 봐서는 잘 모르겠다. 그런데 진짜 황당하다. 어떻게

이분이 어떤 분이시기에
바람과 호수까지 복종하는가?(마태오 8,27)

이런 일이? 하필 오늘 파업이라니? 내일 있는 기차가 오늘은 왜 또 없단 말인가? 만일 여유를 두고 움직이지 않았다면 한국으로 가는 일정에 큰 차질이 생길 뻔했다. 생각만 해도 끔찍하다. 단 한 순간도 긴장을 놓지 않게 하신다. 이제는 모든 것을 그대로 받아들이자.

관광을 할 입장은 아닌 것 같아 근처 바에 앉아 샌드위치와 주스를 들며 주변을 둘러보니 바로 앞에 조그만 호텔이 보인다. 배낭을 메고 갔더니 일박에 30유로라고 한다. 그렇게 비싸지 않아 다행이다. 숙소에 배낭을 내려놓고 다시 길거리에 나와 보니 마땅히 갈 곳이 없다. 도로 들어와 한숨 자고 성경을 읽기 시작했다. 집회서를 다 보라는 뜻인가 보다. 그런데 방안이 매우 덥다. 에어컨도 켜 보고 옷도 갈아입어 보고 해도 마찬가지다. 근처에 나가 샌드위치 하나 먹고 과일을 몇 가지 사 왔

가게 앞에 진열된 과일들

포르투 기차역 전경

는데 여전히 입맛은 없다. 먹을 것도 충분하겠다 딱히 밖에 나갈 일
도 없어 숙소에서 계속 성경책을 읽었다. 그런데 저녁이 되니 어김없
이 배가 고프다. 당기지 않아도 먹어야 하는 이율배반. 몸의 생명 추
구는 그 모순도 아무렇지 않게 극복한다. 생명을 지속하기 위한 몸의
요구는 은근하고도 끈질기다. 마찬가지로 주님을 향한 내 영혼의 추
구도 포기를 모른다. 상황이 어떠하든 내가 어떤 상태이든 나의 안테
나는 항상 주님을 향해 있다. 지루하고 무기력한 지금도 그건 변함이
없다.

　다행히 큰동생한테서 문자가 왔다. 일상의 삶을 회복하려고 노력
중이란다. 동생의 고통에 내가 함께하느라 이렇게 힘들었나 보다. 예
전에 내가 극도의 고통을 겪고 있을 때에도 누군가 날 위해 죽도록

기도를 해 주었을 것이다. 이번에는 큰동생에게 나의 기도가 절실히 필요했나 보다. 의욕을 잃고 무기력한 삶을 사는 것이 얼마나 힘든 일인지 이번에 절실히 깨달았다. 아무것도 하고 싶지 않고 심지어 먹고 싶은 의욕조차 없는 것이 얼마나 삶을 지루하고 비참하게 만드는지 골수에 사무치게 경험했다. 무기력한 삶을 살아가는 모든 불쌍한 이들을 위해 기도하라는 뜻인가 보다. 나는 본당에서 빈첸시오회 활동을 하고 있는데, 이 단체는 고통받고 소외된 이들에게 봉사하는 것을 목적으로 한다. 그런데 활동을 하다 보면 이렇게 무기력한 삶을 살고 있는 사람들이 너무나 많다. 요 며칠 그분들의 고통을 절감할 수 있었다. 이 또한 주님의 뜻이리라.

오늘 말씀에서 예수님께서는 제자들이 풍랑에 휩쓸려 죽을 지경인데도 태연히 주무시다가 제자들이 깨우며 구해 달라고 하자 "왜 겁을 내느냐? 이 믿음이 약한 자들아!" 하시고는 바람과 물결을 꾸짖어 풍랑을 잠재우신다. 이어 제자들에게 "너희의 믿음은 어디에 있느냐?" 물으신다. 주님의 권능은 바람과 호수까지도 복종케 한다. 만일 내가 주님을 몰랐다면 지금 아무것도 모르는 이곳에서 얼마나 불안할 것인가? 어쩌면 패닉에 빠졌을지도 모른다. 하지만 모든 것을 주님께 의탁하니 마음이 편안하다. 주님께서 이제껏 나를 돌보아 주셨듯이 지금도 앞으로도 영원히 그러실 것을 믿기 때문이다. 모든 영광을 주님께 돌립니다. ✝

50 내 마음 안에 사랑 가득
포르투 – 스페인 비고 – 산티아고 데 콤포스텔라

우여곡절 끝에 드디어 오늘 다시 산티아고의 알베르게로 돌아왔다. 간밤에는 낮과 달리 좀 추운 것 같았지만 그냥 참고 잠을 잤다. 낯선 곳에서의 하룻밤. 생각지도 않게 포르투에서 아침을 맞는다. 계획에 없던 일이라 느낌이 색다르다. 눈을 뜨자마자 모든 것에 대하여 하느님께 찬미를 드렸다. 50일간에 걸친 순례 일정의 마무리를 보는 듯해서 너무나 감사했다. 아침에 수녀님에게서 문자가 왔는데 우리 구역 신자들이 내가 실종되었다고 모두 야단이 났단다. 수녀님이 할 수 없이 여행 중이라고 말했다고 한다. 나 하나쯤 없어져도 아무도 관심 갖지 않을 거라 생각했는데 꼭 그렇지만은 않은가 보다. 사람살이가 무심한 듯해도 서로 알게 모르게 관심을 주고받고 사는가 보다.

아직 어떻게 될지는 모르지만 일단 기차역으로 떠난다. 출발 전에 어제 사다 놓은 남은 과일을 아침 삼아 다 먹었다. 그리고 일찍 기차역으로 가서 사람들에게 묻기 시작했다. 다행히 기차는 정상 운행이다. 나만 조바심인가? 거의 기차 시간이 다 되어 갈 즈음 한국인 부부가 보인다. 그들은 내년에 산티아고 순례를 오기 위해 20일간 사전

하느님께서 하가르의 눈을 열어 주시니, 그가 우물을 보게 되었다.(창세기 21,19)

답사차 왔다는데 포르투갈에서만 10일 정도 있었다고 한다. 포르투 항구는 시내에서 1km 정도의 거리에 있다고 한다. 그렇게 가까운 곳에 있는데도 나는 알지 못해 나가지 못했다. 주님께서 내게 오직 주님의 말씀만 따르라고 다른 곳은 보지 못하게 하셨나 보다. 덕분에 집회서는 거의 다 읽었다. 순례 기간 동안 매일 아파서 걷지를 못해 안에 많이 머물렀기에 시편부터 집회서까지 읽을 수가 있었다. 걱정과 달리 열차 편은 순조로웠고 함께 산티아고로 오는 일행들이 많아 안심이 되었다.

중간에 갈아타는 역이 있는 비고Vigo까지 가는 동안, 산티아고 순례를 마치고 돌아가는 일행들이 내 주변에 앉아서 각자의 경험담들을 흥미롭게 나누는데, 나는 영어에 끼어들 수가 없어 가만히 있다가 다른 자리로 옮겨 집회서를 마무리했다. 비고에서 점심을 먹은 뒤 바로 그 자리에서 산티아고행으로 바꾸어 탔다. 1시간 정도의 여유가 있었기에 동승한 한국인 부부와 함께 제때 제대로 점심을 먹을 수 있었다. 그들은 내년에 순례를 올 예정이라 나의 이야기에 관심이 많았다. 나는 순례 동안 짐 때문에 사진도 제대로 못 찍었는데, 아침에 포

산티아고행 기차를 기다리며

르투 역에서부터 산티아고에 도착할 때까지 그들이 내 사진도 많이 찍어 주었다. 그들은 산티아고에 호텔을 잡아 놓았다고 한다. 하룻밤 호텔비가 자그마치 200유로란다. 나는 20유로도 아깝다고 생각했는 데…. 그리고 자기들은 자동차를 빌려서 구경하러 다니니까 나더러 함께 구경하고 가라고 한다. 처음에는 호의가 고마워서 그럴까 하다 가, 나의 순례 목적은 관광이 아니니까 고맙지만 사양한다고 했다.

산티아고에 도착하자마자 나는 얼른 대성당에 가서 마무리 기도를 해야 할 것 같아 바로 택시를 타고 숙소로 향했다. 그곳에 배낭을 벗 어두고 대성당으로 달려갔다. 마음이 조금 풀려서 사진도 찍고, 야고 보 성인 앞에서도 한참 머물렀다. 염치없지만 성인께 기도 부탁도 드 렸다. 저녁때가 되어 무엇인가 먹기는 해야겠는데 도무지 입에 당기는 음식이 없었다. 여기저기 돌다가 결국 풀포문어로 저녁을 먹었다. 이것으로 스페인에서의 식사도 끝인 것 같다. 잠시 주변을 둘러보다가 다시 성당으로 가서 내가 이곳에 왜 왔는지를 한 번 더 묵상해 보았다. 이제 내일이면 모든 일정을 마무리 짓고 떠나야 하는데 아직도 명료하게 잡히지 않는다.

저녁에 대성당에서 이번 순례의 마지막 미사를 봉헌했다. 미사 시간을 잘못 알아 조금 늦게 갔는데, 그래도 순례의 끝을 주님 앞에 가서 인사드리는 것으로 마무리할 수 있어서 감사했다. 순례의 순간순간이 주마등처럼 스치며 절로 감사의 기도가 나왔다. 미사 중에 뜨거운 감동이 밀려왔다. 오늘은 실제로 순교자 김대건 안드레아 신부님의 축일이다. 파티마에서도 주일날 김 신부님 축일 미사가 봉헌되는 것을 보고 많은 감동을 받았었는데, 여기 산티아고에서도 자세히는 몰라도 '코레아'라는 소리가 들린 것을 보면 분명 김대건 신부님의 축일을 기념하는 것 같다. 그동안 미사 강론을 하나도 알아들을 수 없었지만, 매일 말씀으로 대충 감을 잡고 나름대로 미사를 봉헌할 수 있었다. 그런데 오늘은 순례를 마무리하는 미사라 그런지 여느 때보다 감동이 더했다.

이곳 산티아고 대성당은 예수님의 열두 제자 중 첫 순교자 야고보 성인을 모신 성당이다. 이런 의미 있는 곳에서 우리 한국의 첫 순교 사제를 기리는 미사를 봉헌하고 있다는 것 또한 매우 뜻깊은 일이다. 나도 우리 집안의 첫 피박해자로서 항상 부끄러움이 앞섰지만, 이제는 그럴 필요가 없을 것 같다. 더 부드럽게, 더 지혜롭게, 더 당당하게 대처할 수 있을 것 같다. 야고보 성인이나 김대건 안드레아 신부님은 순교하실 때 주님께 뭐라고 기도하셨을까? '왜 하필 저입니까?'

산티아고 대성당 남쪽의 프라테리아스 광장

그러지 않았을까? 나는 그랬다. 수없이 그랬다. '왜 하필 저입니까?' 라고…. 야고보 성인에게 주제넘은 기도를 바쳤다. 이제 더는 다른 기도가 필요 없을 텐데 말이다.

오늘 아침의 말씀은 하가르가 광야로 쫓겨난 후 마실 물도 다 떨어진 절박한 상황에서 아기를 덤불 밑에 밀어 넣고 주님께 울부짖으며 기도하는 장면이다. 주님께서는 아기의 우는 소리를 들으시고 천사를 보내어 하가르의 눈을 열어 우물을 보게 해 주신다. 나는 이번에 카미노를 걸으면서 물의 소중함을 절감했다. 특히 메세타를 걸을 때 물 한 방울 없이 목이 타들어 가는 상황에서 만났던 오아시스는 말로 표현할 수 없는 희열이었다. 하가르가 광야에서 목이 말라 죽어 가는 상황에서 우물을 발견하고 다시 살아난 기쁨 또한 무엇으로 표현할 수 있으리. 하가르와 아기를 광야로 내보낸 아브라함도 너무나 위대해 보인다. 인간적 연민으로야 어찌 자기 자식을 낳은 여인과 그 아기를 내칠 수 있겠는가? 물론 주님의 계획이 따로 있었지만, 그렇다 하더라도 그런 상황에서까지 주님께 순종할 수 있다니 놀라울밖에.

어제까지도 죽어 가던 내가 오늘의 말씀을 접하고 생기를 되찾았다고나 할까? 하가르에게 우물을 보여 주신 것처럼 내게도 말씀이 생명수가 된 것 같다. 몸도 마음도 한결 가볍다. 지난 며칠간 나를 자꾸만 바닥으로 끌어내려 주저앉히던 무기력함에서 마침내 벗어난 것 같다. 내일이면 이제 한국으로 돌아갈 수 있다는 사실이 꿈만 같다. 돌아보면 이런저런 아쉬움이 많지만 50일을 무사히 끝냈다는 기쁨이 오늘 밤 나를 설레게 할 것 같다. 이제 돌아가서 무엇을 해야 할지 아직은 모르겠다. 내가 주님을 위해서 무엇을 할 수 있을까? 오늘 밤 잘 자고 내일 무사히 출발할 수 있기를…. ✝

51 내 너를 사랑하기에
산티아고 데 콤포스텔라 – 프랑스 파리 샤를 드골 공항

어젯밤에는 정말 잠이 하나도 오지 않았다. 가슴이 너무 아픈 데다 마지막 밤이라 여러 가지 감정들이 교차했기 때문이다. 그런데 알베르게에도 작은 이변이 일어났다. 매일 빈자리가 없었는데 어젯밤엔 달랑 여자 셋만 남았다. 아무 소리도 없어 은근히 무서웠다. 이따금 어디선가 사람 소리는 들리는데 아무도 보이진 않았다. 원래 이 집은 주인도 10시면 퇴근하여 밤엔 순례객들만 있다. 그래서 잠을 더 설쳤나 보다. 아침에 일찍 일어났는데 계속 가슴이 아파서 일주일간 끊었던 진통제를 도로 먹고 출발했다. 콜택시를 불러서 비행기 출발 2시간 전에 산티아고 공항에 도착했다. 공항까지는 거리가 꽤 멀어 택시비가 21유로 나왔다.

또 사람들을 붙잡고 묻기 시작한다. 1시간쯤 지나니 한국인이 한 분 나타났다. 68세 남자분이다. 나와 비슷하게 50일간의 산티아고 순례를 마치고 오늘 한국으로 돌아간단다. 이분도 혼자서 모든 것을 준비했다고 한다. 나는 부러 일행과 함께 왔다고 둘러댔다. 이분은 순례가 순조로웠는지 의기양양하셨다. 혼자서 모든 것을 철저히 준비해서 핸드폰에 깔아 놓은 정보만 해도 상당히 많단다. 하느님께서 걱정

네가 하느님을 경외하는 줄을
이제 내가 알았다.(창세기 22,12)

하지 말라 하셨지만 그래도 인간적인 준비는 철저히 해야 한다는 것
이었다. 나는 정말 대책 없이 나왔기에 할 말이 없었다. 그분에 비하
면 나는 너무 심했다. 이러구러 순례를 마친 게 용했다. 그래서 아예
침묵을 지켜야 했다.

　일전에 나헤라에서 이범석 청년이 드골 공항까지의 표를 너무도 잘
끊어 주어서 모든 것이 한 치의 오차도 없이 정확하게 잘 진행되었
다. 나는 배낭을 화물로 부칠 거라 절차를 밟으러 갔는데, 옆을 보니
짐을 깔끔하게 포장하고 있기에 나도 줄을 섰더니 멋지게 포장을 해
주고는 10유로를 내라고 한다. 드골 공항까지 사람 뱃값 50유로에 화
물은 포장비까지 해서 35유로다. 한국인 남자분은 자기 배낭을 그냥
지고 탄다. 모르면 다 돈이 든다. 안 써도 되는 돈을 자꾸 쓰게 된다.
아침에도 그분은 공항까지 버스비 3유로밖에 안 들었다는데, 나는 말
도 안 통하고 교통편도 몰라 택시비로 21유로나 썼다. 문명의 이기에
서 모든 것이 한발 늦으니 불편한 게 한두 가지가 아니다.

　11시쯤 무사히 드골 공항에 도착했는데 다행히 운도 따라서 밤 비
행기로 바로 한국에 갈 수 있게 되었다. 그런데 꼬박 11시간을 공항

에서 대기해야 한다. 일단 짐은 찾았는데, 한국행 표가 무사한지 문자가 오지 않아 내심 불안했다.(나중에 한국에 도착해서 보니 문자가 와 있었는데도 내가 몰랐던 것이다.) 그 남자분은 혹시 몰라 한국행 비행기를 하루 늦게 예약해서 이곳에서 하루 더 묵어야 한단다. 드골 공항 근처 호텔인데 하룻밤에 100유로란다. 일단 대한항공을 탈 수 있는 제2터미널까지 그분과 함께 한참을 왔다. 고맙게도 그분이 내 짐 하나를 들어주었다. 나 혼자였으면 또 당황하여 몇 번이나 묻고 또 물었을 텐데 그분이 공항 내부 지리를 잘 알아서 어려움이 없었다. 그런데 5시에 매표를 한다고 안내에 써 놓고 사람은 하나도 안 보인다.

공항에서 그 남자분과 간단히 점심을 먹으면서 산티아고 순례 이야기를 나눴다. 그분은 개신교도인데 그동안 체험이 많았다고 한다. 어제도 마지막 미사를 드리는데 계속 눈물이 흘렀다고 한다. 아무리 멈추려고 해도 안 되어 바깥의 바에 나와서 한참을 울었다고 한다. 수녀님이 불러 주시는 응송과 화답송 등은 천상의 목소리 같았다고 한다. 나도 어제 저녁 미사 중에 비슷한 감동을 느꼈었다. 이런 어마어마한 자리에 내가 앉아 있다는 사실 자체가 감격이었다. 나더러 또 오겠냐고 한다. 나는 이것으로 족하다고 했다. 더는 바라지 않겠다고 했다. 그분은 원래부터 다리가 아프신 것 같았다. 몸도 불편하고 나이도 있으니 가족들이 엄청 반대했으리라. 그러나 본인의 열망이 클 때는, 또 주님께서 부르시는 자는 누구나 올 수 있는 것 같다. 나도 도저히 올 수 있는 상황이 아니었음에도 왔고, 막상 와서도 계속 다쳐서 걸을 수 없었음에도 포기하지 않고 끝까지 해낼 수 있었던 것에 감사했다.

크레덴시알credencial, 순례자용 여권을 보니 나는 한 장을 앞뒤로 겨우

다 채웠는데 그분은 두 번째 장 앞면까지 넘어갔다. 어제 처음 버스를 탔다고 하니 매일 조금씩 걸으신 것이다. 나와 같은 기간인데도 거의 비슷하게 끝낸 것을 보면 그분은 하루에 15-20km를 꾸준히 걸은 셈이다. 나는 교통편을 많이 이용했는데, 그래도 주님께서 부르신 곳은 다 들렀다. 그분이 나에게 시간이 많이 남았으니 같이 에펠탑이나 둘러보자고 제안했지만, 나는 발목이 아파서 걸을 수 없으니 그냥 공항에서 성경을 보겠다고 했다. 산티아고에서 드골 공항까지 그분 덕에 덜 헤매고 덜 불안했기에 감사했다. 이제 다시 혼자 부딪쳐야 한다. 밖에 나서면 나는 어린아이나 마찬가지다. 세상에 부딪치며 세상을 배운다.

혼자서 성경을 보며 5시가 되기를 기다렸다. 눈은 글자를 따라가는데 머리로 들어오질 않는다. 집중도 안 되고 졸리기도 하여 짐을 끌고 탑승구 쪽으로 계속 돌았다. 걸으면서 많은 생각을 했다. 영어 공부를 좀 더 계속할까? 한국에 돌아가서 무엇을 할까? 심심하고 지루하고 공허해서 떠나왔는데, 이제는 한국에서의 모든 것이 그리워진다. 이걸 깨달으려고 왔던가? 일상의 소중함을…. 5시쯤 표를 끊으러 갔더니 휠체어를 타겠냐고 묻는다. 그러겠다고 했다. 왕복 비행기 표를 미리 예약해 준 대한항공 제자 라윤이에게 너무나 고마웠다. 이렇게 휠체어까지 대기시켜 모르는 길을 헤매지 않고 갈 수 있게 해 주었으니 말이다. 탑승 시간이 되니 휠체어로 데려다주는데 길이 얼마나 길고 복잡한지…. 휠체어 서비스를 이용하지 않았다면 얼마나 헤맸겠는가? 내가 알든 모르든 곳곳에 하느님의 천사들이 대기하고 있다. 사랑을 느끼며 감사를 바칩니다. ✝

52 나의 힘이 되신 하느님
프랑스 파리 샤를 드골 공항 – 인천 공항 – 집

50여 일 만에 집에 도착했다. 늦봄에 떠났는데 어느덧 한여름이다. 벌써 달력이 두 번이나 넘어갔다. 어젯밤에 드골 공항에서 10시쯤 비행기에 탑승하니 기내식으로 비빔밥이 나왔다. 실로 얼마 만에 맛보는 우리 음식인가? 어찌나 맛있는지 목에 어떻게 넘어가는지도 모를 정도였다. 그러고는 피곤함에 지쳐 잠을 청했다. 이제는 집에 가는구나 하고 모든 걱정을 내려놓고 잠을 자려는데 좌석이 너무 불편하여 자꾸 이리저리 뒤척였다. 마침 옆자리가 비어 있어 반쯤 누웠는데도 못 견딜 정도였다. 나도 이제 늙어 가는구나. 어쩔 수 없이 한계가 오는구나. 50일간 지팡이를 짚고 다녔더니 팔목까지 다 아프다. 언제 곯아떨어졌는지 한잠 자다가 눈을 뜨니 아침이라고 또 식사를 주는데 나는 죽을 먹었다.

도착하자마자 병원부터 달려갔다. 그런데 시간이 늦어 벌써 문을 닫았다. 내일은 토요일이고 기도 모임에도 가야 하는데, 지금으로선 병원이 제일 급한데 어쩐다? 아무튼 긴 여행을 마치고 오니 너무나 행복하다. 집에 간다는 기쁨에 끼니도 잊고 두 끼를 걸렀더니 배가 너무 고파 견딜 수가 없었다. 냉장고를 다 비워 두고 떠났으니 집

내가 바라는 것은
희생 제물이 아니라 자비다.(마태오 9,13)

에도 먹을 것이 없었다. 우선 생각나는 게 삼계탕이었다. 절뚝거리면서 건너편 식당으로 가서 누룽지 삼계탕을 먹었다. 저녁을 먹고 집으로 돌아와 세탁기에 급한 빨래부터 돌렸다. 목욕도 제대로 탕 속에 들어가서 몸을 푹 담그고 여독을 풀어냈다. 씻고 나오는데 평소에 욕실 문 앞에 붙여 두었던 말씀이 눈에 확 들어왔다.

'집 짓는 이들이 내버린 돌
그 돌이 모퉁이의 머릿돌이 되었네.'
그 돌 위에 떨어지는 자는 누구나 부서지고,
그 돌에 맞는 자는 누구나 으스러질 것이다.(루카 20,17-18)

이 말씀은 내가 아니라 남편을 염두에 두고 붙여 놓았던 것이다. 그 사람이 깨어지기를 바라면서 말이다. 그런데 이제 보니 그 말씀은 바로 나를 두고 하신 말씀이었다. 나는 돌아올 때까지도 내가 왜 그렇게 다치고 깨졌는지 미처 몰랐다. 오리송 산장에서 넘어져 완전히 부서졌고, 그것도 모자라 라바날을 떠나 산을 넘다가 양 무릎이 다

나갔고, 그러고도 모자라 포르토마린에서 침대에서 떨어져 가슴을 또 다쳤다. 집에 돌아오는 날까지 무릎과 발목과 가슴의 통증으로 단 하루도 편할 날이 없었다. 돌아와 내 모습을 보고 이 말씀을 다시 보니 바로 나를 두고 하신 말씀이었구나. 그토록 호되게 깨우쳐 주셨건만 내가 미욱하여 깨닫지 못하니 거듭거듭 깨우쳐 주셨구나. 집에 돌아와서도 깨닫지 못하고 있으니 아예 눈앞에 말씀을 들이밀어 보여 주셨구나. 주님, 감사합니다! 마지막 순간에라도 깨닫게 해 주심에 더없는 감사를 드립니다!

이제 모든 것을 새로운 마음으로 다시 시작해야겠다.
'새 포도주는 새 부대에 담아야 한다.'(마태오 9,17)
이제 정녕코 새로운 마음으로 새 출발을 해야 한다.
그러기 위해서는 성령의 힘이 필요하다.
'성령의 힘으로 몸의 행실을 죽이면 살 것입니다.'(로마서 8,13)
이 말씀처럼 내가 무엇을 더 죽여야 하는지 주님께서 깨우쳐 주시리라. 라바날 수도원에서 가져온 나뭇잎은 나의 깊은 묵상에 은근한 친구가 되어 줄 것이다. ✝

주님은

나를 산티아고로 불러내시어

내 영혼의 처절함을

육신의 아픔으로 보게 해 주셨고,

그럼에도 매 순간

천사들을 동행케 하셔서

'내가 너를 지키고 있다'는

사실을 알게 해 주셨다.

Epilogue

깨달음의 길, 치유의 길

'집 짓는 이들이 내버린 돌

그 돌이 모퉁이의 머릿돌이 되었네.'

그 돌 위에 떨어지는 자는 누구나 부서지고,

그 돌에 맞는 자는 누구나 으스러질 것이다. (루카 20,17-18)

주님께서는 항상 내가 열매 맺기를 바라셨지만, 나는 오랜 세월 주
님을 떠나 있었다. 결혼 후에야 그것을 깨닫고 다시 주님께로 돌아가
려 했으나 그 길은 참으로 험난하고 고통스러운 길이었다.

두 번에 걸친 산티아고 순례길은 나의 일생을 그대로 보여 준다.
나는 이번 순례를 통해, 그동안 스스로 버려두었던 모퉁이의 머릿돌
위에 떨어져 철저히 부서져 버렸다는 사실을 깨달았다. 순례 내내 곰
곰 묵상했지만 제대로 몰랐는데, 돌아와 이 말씀을 접하고서야 불현
듯 지난 내 생애가 한 그림으로 이해되었다. 늘 나의 고통을 남편의
탓으로 원망했는데, 정작 부서져야 할 사람은 바로 나였다. 포도밭

소작인의 비유처럼 소출을(내가 열매 맺기를) 바라고 아무리 종들을 보내도 깨닫지 못하는 나를, 결국에는 주님께서 직접 빈 들로 데리고 나가셔서 깊은 깨달음을 주신 것이리라.

나는 주님의 사랑을 안고 돌아왔다. 주님은 나를 산티아고로 불러내시어 내 영혼의 처절함을 육신의 아픔으로 보게 해 주셨고, 그럼에도 매 순간 천사들을 동행케 하셔서 '내가 너를 지키고 있다'는 사실을 알게 해 주셨다. 나는 또한 내 본연의 마음으로 돌아가기 위해 앞으로도 꾸준히 수행하고 전진하라는 깊은 메시지를 받아 안고 왔다. 돌아온 후 나는 매일 성독 수행을 통해 무엇이 더 부서지고 으스러져야 하는지를 묵상한다. 돌이켜 보면 순례의 여정이 성스럽고 아름다운 것만은 아니었지만, 고난과 극복을 통해 나의 본모습을 확인하는 시간이었으며 그 자체로 주님과의 독대였다. 삶의 연장, 일생의 축약이되 끝없는 방황이 아니라 내면으로부터의 정리와 해결이었다. 주님께서 나의 오랜 고통을 치유해 주신 것이다.

나의 우둔함을 호되게 깨우쳐 주시고, 내가 가는 길목마다 지키시며 넘어지면 일으켜 주시고, 길을 잃고 헤매면 안내자가 되어 주시고, 무기력한 삶에 빠지면 다시 희망과 용기를 주셨던 주님! 이제 내 일생이 끝나는 순간까지 주님과 함께하리라. 이 책을 읽는 독자분들도 각자의 모퉁잇돌을 마주하시고 그 안에서 주님의 무한한 사랑을 확인하시기 바란다. ✝